【農学基礎セミナー】

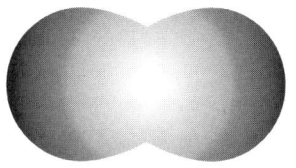

農産加工の基礎

佐多正行………●編著

農文協

らっきょうの甘酢づけ　クリのシラップづけ　梅酒

ぼたん桜の塩づけ　びわのシラップづけ　青梅のシラップづけ　梅干し

↑果実のびんづめいろいろ

ブルーベリージャム　ネクタリンジャム　モモジャム　にんじんマーマレード　マロンバター

ルバーブジャム　りんごジャム　ゆずマーマレード　にんじんマーマレード　かぼちゃジャム

簡易びんづめで長期間保存

家庭でジャム，果汁，水煮，シラップづけなどをつくって長期保存するにはびんづめ加工が便利。

←ジャムやマーマレードなどのびんづめも多様に

簡易びんづめのやり方

1 びんの殺菌　びんをさかさに入れ，ふたをして15分間むす。

2 びんづめ　砂糖煮した材料（キンカン）をつめ，上からシラップ液を入れる。

3 脱気　ふたをゆるめにして，15分間むす。

4 殺菌　ふたをきつくしめ，熱湯の中に入れて15分間加熱し，びんをさます。

（撮影　小倉隆人）

混ぜこね直後　第1回発酵後　分割後　整形前　第2回発酵後

パン生地の発酵　パン酵母の働きで生地が発酵するとガスが発生する。ガスはグルテンの膜につつまれ，だんだんふくらむ。

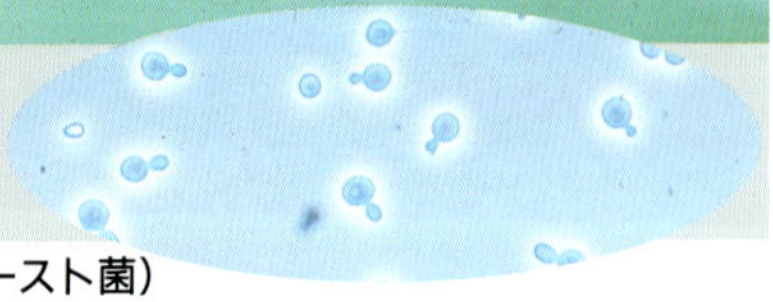

➡パン酵母（イースト菌）

こんにゃくができるまで
↓生こんにゃく
→1.5％石灰液
→すりつぶしたもの
←ちぎって丸める
↑凝固したこんにゃく
←完成したこんにゃく
←しらたき

いちごジャムができるまで（原図　中村源蔵）
↑原料いちご
↗へたを除いたもの
↑2～3片に切断
↑無糖加熱
↑加糖後
→糖度65％まで煮つまりほぼできあがり

ロースハム断面の色調の変化　原料肉はやや濃い色（左），塩づけ後はあざやかな色（中），仕上がった製品は淡紅色（右）。

（撮影　皆川健次郎，磯島正春）

まえがき

　自然の恵みを巧みに利用した伝統的な加工食品を自分の手で，という「手づくり食品」の指向は，単なる趣味の域を脱し，「安全で健康に役立つ自然食品を自家加工で」おこない，家庭の食生活の向上に役立てられるようになってきた。また農家では自家生産物を利用した共同加工による製品化も各地にひろまっており，地域特産物として生産されている。このような動きのなかで，自家製食品の加工法やより栄養価の高い品質のよい食品づくりに取り組める指導が求められるようになってきた。その要望に応えるため，この伝統的な日本独特の食品加工法に科学的な基礎知識を加え，加工の原理とつくるためのコツを示したテキストとして本書をまとめた。

　本書は，高等学校用「農畜産加工」の教科書を利用しやすく編集し直したものである。①加工の基礎となる科学的な原理（知識）をわかりやすく解説し，食品加工本来の目的に合ったつくり方を述べている。②地域で風土・季節に応じて生産される農畜産物を有効に利用し，わが国の伝統的な食生活や食品加工のあり方をまとめており，自家加工に適した製造法を解説している。③多くの加工食品を取り上げ，わかりやすく加工手順を示している。④毛皮なめしの基礎として「うさぎの毛皮加工」を入れている。などの特徴をもっている。

　なお，本書は日本で生産される農畜産物を主原料にした食品加工の基礎を述べたものである。昨今輸入食品が急増しているが，こうした状況では，原料の成分，性状などをよく吟味して加工利用したい。

　食品加工技術は日々進歩しているが，加工の原理は変化するものではない。多くの方々に本書をご利用いただければ幸いである。

　　　　　　　　　　　　　　　　　　2000年2月　佐多正行

目　　次

第1章　食品の加工とは
§ 1. 食品加工の意義と目的
1. 食品加工のはじまり …………………… 1
2. 食品加工の目的 ………………………… 2

§ 2. 食品加工の原理と自家加工
1. 食品加工の原理 ………………………… 3
2. 食品加工の方法 ………………………… 4
3. 自家加工の注意点 ……………………… 5
4. 自家加工品の生産販売 ………………… 7

第2章　原材料の特性と加工用途
§ 1. 原材料の成分
1. 水 ……………………………………… 10
2. 炭水化物 ……………………………… 10
3. たんぱく質 …………………………… 12
4. 脂　　肪 ……………………………… 14
5. 無機質・ビタミン …………………… 14
6. そ の 他 ……………………………… 15

§ 2. 原料の特性と加工用途
1. 米 ……………………………………… 17
2. 麦　　類 ……………………………… 19
3. 豆　　類 ……………………………… 23
4. い も 類 ……………………………… 26
5. 果 実 類 ……………………………… 28
6. 野 菜 類 ……………………………… 30
7. 肉　　類 ……………………………… 32
8. 鶏　　卵 ……………………………… 36
9. 乳　　類 ……………………………… 37

		10. その他の農産物	40
§ 3. 材料の特性と加工用途		1. 塩（塩味料）	43
		2. 糖（甘味料）	44
		3. 香辛料と着香料	46
		4. うま味料	48
		5. 酸（酸味料）	49
		6. 着色料・発色剤	49
		7. 油　　脂	50

第3章　農畜産物の腐敗・変質と貯蔵

§ 1. 農畜産物の腐敗・変質の原因と貯蔵法
　　　　　　　　　　1. 腐敗・変質の原因 …………………51
　　　　　　　　　　2. 農畜産物の貯蔵法 …………………52
§ 2. 貯　蔵　の　技　術　　1. 殺　　　　菌 ………………………53
　　　　　　　　　　2. 乾　　　　燥 ………………………54
　　　　　　　　　　3. 冷蔵・冷凍 …………………………56
　　　　　　　　　　4. 塩蔵・糖蔵と酸の添加 ……………58
　　　　　　　　　　5. そ　　の　　他 ……………………59
§ 3. かん・びんづめによる貯蔵
　　　　　　　　　　1. かん・びんづめの一般製造工程 ……60
　　　　　　　　　　2. 簡易びんづめ法 ……………………64
　　　　　　　　　　3. かん・びんづめの変質と検査 ………66

第4章　農産物の加工

§ 1. 発　酵　食　品　　1. 発酵と発酵食品 ……………………67
　　　　　　　　　　2. 発酵に関係する微生物とその性質 ……69
　　　　　　　　　　3. こ　　う　　じ ……………………72
　　　　　　　　　　4. み　　　　そ ………………………80
　　　　　　　　　　5. し　ょ　う　ゆ ……………………87

§ 2. 豆類の加工

- 6. 酒　　類　　　　　　　　　　94
- 1. とうふとその加工品　　　　　100
- 2. 糸引きなっとう　　　　　　　103
- 3. きな粉（黄名粉）　　　　　　106
- 4. 豆もやし　　　　　　　　　　107
- 5. ピーナッツバター　　　　　　108
- 6. あ　　ん　　　　　　　　　　109

§ 3. めん類加工

- 1. めんの種類　　　　　　　　　111
- 2. めん類製造の原理　　　　　　112
- 3. う ど ん　　　　　　　　　　113
- 4. 手打ちそば　　　　　　　　　115
- 5. その他のめん類　　　　　　　115

§ 4. パンおよび菓子の加工

- 1. パンの種類　　　　　　　　　117
- 2. 原材料と製造法　　　　　　　117
- 3. 直ごね法による手づくりパン　120
- 4. 中種法による食パンの製造工程　122
- 5. パンの品質　　　　　　　　　122
- 6. 菓　子　類　　　　　　　　　124

§ 5. つけもの加工

- 1. つけものの種類　　　　　　　129
- 2. つけものの製造原理　　　　　129
- 3. 塩 づ け　　　　　　　　　　133
- 4. たくあんづけ　　　　　　　　135
- 5. らっきょうづけ　　　　　　　138
- 6. 福神づけ　　　　　　　　　　139

§ 6. ジャム・マーマレード加工

- 1. ジャム・マーマレード加工の特徴　141
- 2. ジャム・マーマレードの製造原理　141
- 3. 製造上の留意点　　　　　　　145
- 4. いちごジャム　　　　　　　　145

	5. オレンジマーマレード……………… 147	
§7. 果じゅう加工	1. 果じゅう加工の特徴……………… 149	
	2. 果じゅう加工の要点……………… 149	
	3. みかん果じゅう（オレンジジュース）………………………… 152	
	4. ぶどう果じゅう（グレープジュース）………………………… 153	
	5. トマトジュースとその他のトマト加工品………………………………… 155	
	6. 生ジュース（野菜ジュース）……… 158	
§8. シラップづけと水煮加工	1. シラップづけ……………………… 160	
	2. 水　　煮………………………… 163	
§9. 乾　燥　加　工	1. 乾燥食品の種類…………………… 166	
	2. 乾燥加工の要点…………………… 166	
	3. 乾　燥　野　菜…………………… 167	
	4. 乾　燥　果　実…………………… 168	
§10. その他の加工	1. こんにゃく……………………… 171	
	2. 麦　　　芽……………………… 173	
	3. でんぷん………………………… 177	
	4. せん茶（緑茶）………………… 180	

第5章　畜産物の加工

§1. 鶏肉・鶏卵の加工	1. 鶏肉の加工……………………… 183
	2. 鶏卵の加工……………………… 187
§2. 豚　肉　の　加　工	1. と殺・解体……………………… 189
	2. ハム・ベーコン類……………… 192
	3. ソーセージ類…………………… 199
	4. 豚内臓のつくだ煮……………… 202

§3. 牛乳の加工
1. 牛乳の処理……………………… 204
2. クリームの分離とバターおよび
   アイスクリーム………………… 206
3. 乾燥と粉乳……………………… 207
4. 濃縮と練乳……………………… 208
5. チ ー ズ………………………… 208
6. ヨーグルト……………………… 210
7. 乳酸菌飲料……………………… 212

§4. うさぎの毛皮加工
1. と殺・解体……………………… 214
2. 乾皮のつくりかた……………… 216
3. 毛皮なめし……………………… 216

実 験・観 察……………………………………………… 220
索　　引………………………………………………………… 227

第1章 食品の加工とは

農家のみそづくり

§1. 食品加工の意義と目的

1. 食品加工のはじまり

われわれの食生活は，食品加工技術のめざましい発展により，科学的に処理・加工されてつくり出された多種多様な加工食品によってなりたっている。また，これらの科学・技術の進歩は，人間の食への限りない欲求と食生活の簡便さを求めて，すばらしい発見や改良を生み，新しい食品を開発してきた。

これらの処理・加工の技術や新しい発見，改良の基礎となったことがらは，十数万年前の人類が集団で生活をしはじめたころの食生活とまったく共通している。

われわれ人類の祖先は，原始的な生活のなかで自然界にある動植物を採集してそれを食糧としてきたが，一定の地域に定住するようになると，その地域の風土にもっとも適した作物類を栽培したり，家畜を飼育するようになった（農業のはじまり）。これから得られる食糧を「腐敗」や「変質」から守り，蓄えるためのいろいろなくふうや，か

たい種実や苦み・くさみのある食品には手を加えることでおいしく食べられるようなくふうをしてきた。

これらのくふうの積み重ねが食品加工のはじまりであり，加工の基礎となっている。そして，さらに栄養のある，消化のよい食べやすいものへ，おいしく，見栄えのする食品へという努力が，長い年月を経て現在のすばらしい伝統加工食品を生み出してきた。

その基礎となる加工原理や操作は，原始時代からの長い年月にわたって築きあげられた人類の食品を蓄える知恵と食べやすくするための知恵を私たちが科学的におこなっているにすぎない。

2. 食品加工の目的

食品加工は，本来農畜産物や水産物などの食品原料を，栄養価を高める，貯蔵性を増す，味・香りなどのし好性をよくする，健康に害のある有害物質を取り除き安全な食物をつくる，などによって豊かな食生活を築くことにある。

工業的な食品加工では，
1) 農畜産物自体の酵素を不活性化したり，細菌による汚染を防いだり，殺菌したりして保存性を高め，貯蔵食品をつくる。
2) 生のままでは食べにくいものや消化のわるいものを，食べやすい状態にし，また消化がよくなるようにする。
3) し好性を高め，よりおいしく食べられるようにする。
4) 輸送性を高める。

などを目的としている。しかし工業的な食品加工をおこなう企業的な加工は，そのほとんどが販売を目的として生産され，利潤を目的としている。したがって商品としての価値のあるもの，加工工程や操作の単純化，製品の均一化や大量生産による生産原価の低下などが必要と

なる。

　そのため企業的な食品加工が，保存料や着色料，その他付加価値のある物質など，大量に摂取すると人体の健康に有害な添加物を使用する例もある。また，大量生産は必然的に味・香り・色など品質の均一化された製品にならざるをえない。

　一方，手づくりの自家加工は，あくまでも自家消費が目的であり，自らの責任において，自分の好みに合った食品を必要量だけ，安全につくることにある。伝統的な製法をそのまま利用できるし，また工業的な加工技術を応用して製造することもできる。

　いずれも加工の基礎となる原理は，工業的な加工も自家加工も同じであるが，加工の目的に相違があり，それが加工原材料の選択や製造工程での違いを生じさせている。

§2.　食品加工の原理と自家加工

1.　食品加工の原理

　食品加工の原材料となる農畜産物は，その体を構成する物質と成育するために必要な各種の栄養物と，それを体内で化学的に変化させる酵素をもっている。これらの体の構成物質や栄養物，酵素などを総称して「成分」という。農畜産物の成分は，その種類や性状によって特徴のある性質をもち，その性質を利用することでいろいろな変化をおこさせたり，新しい物質（成分）をつくり出すことができる。これら成分のもつ性質を利用し，変化をおこさせることが，加工の原理である。

　成分は，農畜産物で共通する性質を示すものもあるが，同じ種類でもそのものだけの特別な性質を示すものもある。成分の内容や性質，特性やそれを利用する方法をじゅうぶんに知ることによって食品加工の範囲をひろめ，よい食品をつくることができる。

第1章 食品の加工とは

表1-1　加工法別の加工食品

分類	加工の方法	加工食品の例
物理的加工法	かたい殻類などの皮をはぎとり消化をよくしたり，食べやすくする（とう精）	精白米，精麦
	形を変えたり，圧搾したりする（圧重）	押し麦 果じゅう，食用油
	細かく砕いてなかの成分を取り出したり，粉末状にする（粉砕）	小麦粉 だいず粉など
	細胞のなかに含まれるでんぷんを取り出すために細胞をすりつぶす（磨砕）	じゃがいものでんぷん コーンスターチ 米粉（白玉粉）
	水分を含ませてやわらかくしたり，他の成分を浸透させる（浸漬）	水づけ，砂糖づけなど
化学的加工法	糖に分解する（でんぷんに塩酸や酵素などを加えて加水分解させる）	ぶどう糖など
	たんぱく質の熱凝固や酸による凝固の性質を利用する	チーズ，とうふなど
	油脂の融点を水素などの添加によって高めたもの	ショートニング
微生物利用加工法	微生物のもつ酵素の作用で成分を分解させ，その生成物を利用して発酵・熟成させたもの	みそ，しょうゆ，酒，チーズ
	発酵だけのもの	乳酸飲料，ヨーグルト

2.　食品加工の方法

食品加工法を大別すると，つぎの三つに分けられる。

(1) **物理的加工法**　道具（機械など）を使って，材料の形をかえたり，粉末にしたり，原料の成分を浸出させたり，分離させたりする方法。

(2) **化学的加工法**　自然界にある酸やアルカリ（果実の酸や塩など），または合成された酸やアルカリなどで食品の成分を変化させる方法。

(3) **微生物利用加工法**　微生物の酵素の作用で発酵させたり，そ

の発酵生産物を利用する方法。

これらは単独で，または三つの方法を巧みに組み合わせて加工される。その例を表1-1に示した。

また食品を長期間貯蔵するためにいろいろな方法がおこなわれるが，その貯蔵のしかたによって食品加工ができる。貯蔵を目的とした乾燥では，干し野菜やかんぴょうができ，食塩，砂糖，酸を利用した貯蔵では各種のつけもの類ができる。食品の貯蔵法別による食品加工の例と加工食品を示すと，表1-2のようである。

表1-2 食品の貯蔵法別による食品加工の例と加工食品

貯蔵方法別	方法と原理		加工食品名
乾燥法	水分を13%以下にして微生物の繁殖をおさえる	天日乾燥	乾めん・干し海産物・切り干しだいこん・干しがき
		熱風乾燥	米・麦・しいたけ・のり
		高温乾燥	即席めん・即席もち
		凍結乾燥	寒天・凍りどうふ・乾燥野菜
		噴霧乾燥	インスタントコーヒー・粉乳
加熱・殺菌密封貯蔵法	かんやびん，プラスチック袋などに詰め密封した後，加熱殺菌する		各種のかんづめ，びんづめ食品類
塩・糖・酸などによる浸漬法	塩・砂糖などの高濃度の溶液や，酢のなかに入れたりして，微生物の繁殖をおさえる	塩づけ	野菜・魚，ぬかみそづけ
		砂糖づけ	シロップづけ・ジャム・糖果
		酢づけ	らっきょうづけ・ピクルス
冷蔵・冷凍法	低温で貯蔵することにより，微生物の繁殖をおさえる		各種の冷凍食品
くん煙法	木材の不完全焼燃によって生ずる煙を利用して，食品に風味と貯蔵性をあたえる		ハム・ベーコン，ソーセージ，魚のくん製品

3. 自家加工の注意点

自家加工のばあい，製法の基礎となる加工の原理や原材料の選択，

地域の気候・風土などさまざまの条件を理解しておかなければならない。同時につくり方の工程や操作・留意点（ポイント）もしっかりと身につけておくことが大切である。

自家加工のおもな注意点をあげるとつぎのとおりである。

1) 材料を吟味し，選択する。

　材料は新鮮で病害虫に侵されていないもの，加工に適した適期に収穫され，適正な方法で保存・貯蔵されたもの，加工に適した品種や種類を選ぶ，季節に合った材料であること，などが必要である。

2) 地域の気候・風土を熟知し，加工に適した時期を選ぶ。

　食品加工では気温や天候に影響されるものも少なくない。とくに発酵食品や肉加工品はつくる時期に注意する必要がある。熟成の期間や保存の方法など食品の安全性を考慮して，適期に加工することが大切である。

3) つくりかたの準備，順序，材料の用量など正確におこなう。

　見通しを立て，準備をじゅうぶんに手ぬかりなくおこなうことが必要である。必要な用具類は，製造工程ですべての食品量に合ったものであるか，また器機具類は正確に作動するか，材料や下ごしらえは万全か，など途中で作業が中断しないよう配慮しておく。

4) すべてに安全を考える。

　自家加工でもっとも大切なことは，食品衛生への配慮と食品の安全性である。市販品は一定の基準できびしい検査を受けるが，自家加工のばあいはすべて自分の判断でおこなわなければならない。そのため，以下の点に注意することが大切である。

① 用具類や器機具類，容器は清潔に取り扱い，殺菌や消毒は完

全におこなうこと。

② 作業は清潔な場所でおこない，汚物による汚染防止に注意する。

③ 自分の身体の健康に注意し，消化器系の病気や外傷などあるばあいは，加工食品による中毒やほかへの汚染による危険防止のため作業は中止する。

④ 作業中の安全に細心の注意をはらう。

5) 製法をマスターする。

　材料によっては，性状が微妙に変化するものがある。たとえばバターは高温ではやわらかいが，低温ではかたくなっている。これを同じ条件で使用すれば失敗する。容量や重量の違い，温度や湿度などの許容範囲，製造中の材料の変化など，いずれも体験をしたり，経験者から教わることで身につくものである。

4. 自家加工品の生産販売

　自家加工品を，一定のルートにのせて販売したり，他人へ供与したりするばあいや，食品を共同加工し，大量に生産して地域の特産物として販売するときは，自家消費と異なりつぎの点にとくに留意する必要がある。

1) 生産品の製造年月日，用量，使用した原材料の種類，保存期間（賞味期間），生産者の住所，代表者氏名，電話などの連絡先をはっきりと明示する。これらは容器に直接印刷するか，プリントしたものを貼付，または付けること。

2) 容器などの安全性，たとえば搬送中に破損したり，直射日光などにあたり変質したりする危険性はないか，包装は完全か，など安全についてじゅうぶんな点検をおこなうこと。

3) 食品内容の安全にじゅうぶん留意する。殺菌，消毒を完全におこなう。保存性を確かめる。

商品として販売するばあいは，保健所などの関係官庁の製造許可や販売業としての認可を受けることが必要である。

第2章
原材料の特性
と加工用途

たくあんづけ用だいこんの葉切り干し

　食品加工の原料としては，農産物・畜産物のほか水産物も含まれるが，農業と深いかかわりをもつのは農産物と畜産物である。農畜産物は，種類によって成分や性状などの物理・化学的性質が異なっており，そのちがいに応じて用途や加工操作もちがえる必要がある。また，目的とする食品に仕上げるには，主原料のほかに，し好性や栄養価を高めたり，保存性を付加したりするための材料が必要である。農畜産物をじょうずに加工利用するためには，それらの原材料の性質をよく知っておくことがたいせつである。

§1. 原材料の成分

農畜産物には，水・炭水化物・たんぱく質・脂肪，および無機質・ビタミン・色素・酵素などの各種成分が含まれている。

1. 水

農畜産物中に含まれる水は，組織のなかに遊離している自由水と高分子のでんぷんやたんぱく質と化学的に結びついている結合水との2種類に分けられる。水の量を百分率であらわしたものを水分という。

2. 炭水化物

炭水化物は，植物の光合成によって合成され，炭素・水素・酸素を構成元素とする化合物である。人体内ではエネルギー源となるほか，余分に摂取されたものは脂肪その他の物質に変化して蓄積される。農畜産物中に含まれる炭水化物のおもなものはつぎのとおりである。

(1) **単糖類・二糖類**　単糖類はもっとも簡単な化合物で，ぶどう糖（グルコース）・果糖（フラクトース）・ガラクトース・マンノースなどがある。ぶどう糖・果糖は果実に多く含まれ，ガラクトースは天然の状態では単独で存在しない。

二糖類は，単糖類が2個結合したもので，蔗糖（しょとう）（果糖とぶどう糖）・麦芽糖（ぶどう糖とぶどう糖）・乳糖（ガラクトースとぶどう糖）などがある。蔗糖はさとうきび・てんさいなどに，麦芽糖は発芽種子中に，乳糖はほ乳動物の乳じゅう中に多く含まれている。二糖類は加水分解するともとの単糖類になる。

(2) **多糖類**　多糖類の代表的なものは，でんぷんと繊維素（セルロース）で，その他ペクチン・グリコーゲンなどがある。

(7) **でんぷん**　でんぷんは，ぶどう糖が多数結合してできた白色の粒子で，冷水に溶けず，味やにおいがない。比重は1.62〜1.65で水に沈殿する。でんぷんは穀類やいも類に多く含まれているが，でんぷん粒の大きさや形状は，植物によって異なる（図2-1）。

でんぷんのおもな性質をあげるとつぎのようである。

1) でんぷんは，生の状態でX線で見ると規則正しい結晶構造をしている。これを，水といっしょに加熱すると，でんぷん粒の形がこわれて全体に半透明なのり状になる。このような現象を**糊化**という。糊化したでんぷんをX線で見ると結晶構造は認められない。糊化するまえの規則正しい結晶構造をもつでんぷんは β-**でんぷん**，糊化状態のでんぷんは α-**でんぷん** とよばれる。

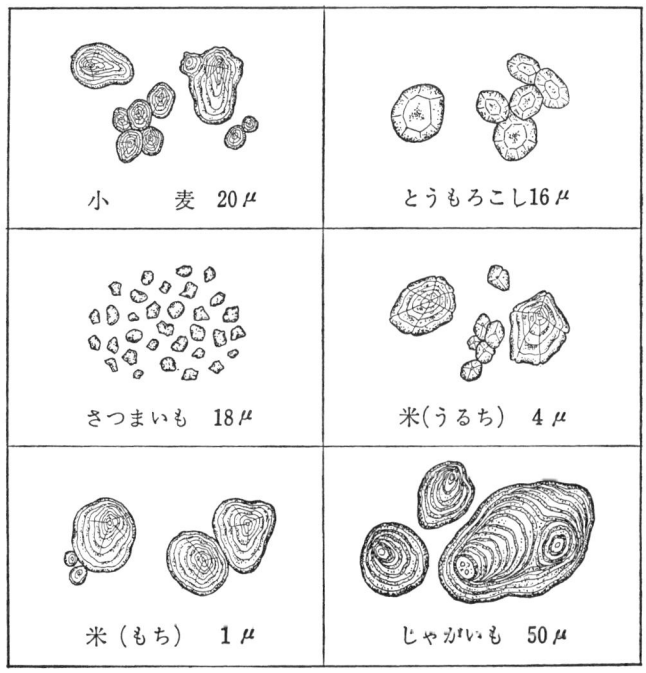

図 2-1　種類別でんぷん粒の形状

β-でんぷんは消化酵素の作用を受けにくいが，α-でんぷんは酵素の作用を受けやすくなり，味もよい。α化したでんぷんを放置すると，ふたたびもとのβ-でんぷんにかわる。この現象をでんぷんの**老化**という。

2) でんぷんには，**アミロース**という長い鎖状の分子構造をもつものと，**アミロペクチン**という枝分かれした分子構造をもつものとがある。アミロースは，糊化力が弱く，よう素反応は青色を呈する。アミロペクチンは，糊化力がきわめて強く，よう素反応は赤紫色を呈する。多くのでんぷんは，アミロースとアミロペクチンとの混合物である。

3) でんぷんは，各種の酵素や酸によって容易に加水分解され，食品としての利用価値や栄養価が高まる。

(イ) **その他**　　**繊維素**は，植物の細胞壁を構成している物質で，動物の皮にも含まれている。人体は，繊維素を分解する酵素を分泌しないので，繊維素を利用できないが，腸壁を刺激し，便通を整える効果をもっている。

ペクチンは，植物体とくに果実に多く含まれており，繊維素と結合した不溶性ペクチン（プロトペクチン）として，あるいは遊離の形で可溶性のペクチンとして存在する。ペクチンも栄養価値はないが，ゼリー食品の加工上重要な役割をもつ（141ページ参照）。

グリコーゲンは，動物体に含まれる多糖類である。

3. たんぱく質

たんぱく質は，炭素・水素・酸素のほか，窒素をかならず含む化合物である。

たんぱく質を構成する基本物質は**アミノ酸**である。アミノ酸は約30

種類知られているが，このうち体内でまったく合成されないか，あるいはわずかしか合成されないため，食物から摂取しないと健康を保ち成長することができないものを **必須アミノ酸** という。たんぱく質の栄養価は，必須アミノ酸の組成によって決まる。

必須アミノ酸は，バリン・ロイシン・イソロイシン・リジン・メチオニン・スレオニン・トリプトファン・フェニルアラニンの8種類であるが，一般に動物性たんぱく質は，植物性たんぱく質よりも必須アミノ酸の組成がよく，含量も多い。

たんぱく質は，加熱あるいは強酸・強アルカリ・アルコールなどの溶媒によって変化がおこり，溶解度が減少したり凝固したりし，ふたたびもとにもどらない性質をもつ。このような性質を **たんぱく質の変性** という。卵の卵白が加熱で凝固したり，豆乳がカルシウムで凝固したりするのはその例である。

たんぱく質は分子全体がたんぱく質である **単純たんぱく質** と，色素・りん・糖などと結合した **複合たんぱく質** とに分けられる（表2-1）。

表2-1 たんぱく質の種類

単純たんぱく質	アルブミン——卵・乳のアルブミン，小麦のロイコシン
	グロブリン——筋肉中のミオシン，卵のグロブリン，だいずのグロブリン
	グルテリン——小麦のグルテニン，米のオリゼニン
	プロラミン——小麦のグリアジン，トウモロコシのツエイン
	その他——硬たんぱく質（つめ・毛髪の成分）・ヒストン・プロタミンなど
複合たんぱく質	核たんぱく質——細胞核の主成分
	糖たんぱく質——卵白中に含まれる
	りんたんぱく質——乳のカゼイン，卵黄のビテリン
	リポたんぱく質——血清・卵黄などに含まれる
	色素たんぱく質——血色素ヘモグロビン・ヘモシアニン

4. 脂　　肪

　脂肪は，水に溶けず，エーテル・クロロフォルムなどの有機溶媒に溶ける化合物の総称で，農畜産物中には，脂肪酸とアルコールとがエステル結合した **単純脂肪**（油脂・ろう）[1]，単純脂肪にりん・糖・脂溶性ビタミンなどの成分が結合した **複合脂肪**（りん脂質・糖脂質など）などの形で存在する。

　油脂は脂肪酸とグリセリンとがエステル結合したものである。脂肪酸にはいろいろのものがあるが，その組成は油脂の性質や栄養価に関係する。オレイン酸・リノール酸・リノレイン酸などの不飽和脂肪酸を多く含む植物性油脂は，一般に融点が低く，常温では液状である。また，ステアリン酸・パルミチン酸・カプロン酸などの飽和脂肪酸を多く含む動物性脂肪は，融点が高く，常温では固体である。不飽和脂肪酸のリノール酸・リノレイン酸は，栄養上欠くことができないといわれており，植物性油脂に多く，動物性油脂に少ない。

　油脂は，水に不溶性であるが，これにたんぱく質・レシチンなどが加わると，脂肪が水中に分散し，乳濁液をつくる。そのため，牛乳ではたんぱく質が，卵黄やだいずではレシチンが，それぞれ乳化剤として作用している。

　油脂は，長く放置すると，悪臭を出し酸味をもつようになる。これは酸素・光・微生物・酵素などの影響により，酸化・分解して酪酸・アルデヒド・ケトンなどが生じたためであって，この現象を **脂肪の酸敗** という。

5. 無機質・ビタミン

(1) **無機質**　　生物体を構成する元素のうち，炭素・水素・酸素・

---

[1] 動植物の体表面に分泌される脂肪で，人体には有害で食用にならない。

窒素以外の元素を無機質といい，燃焼したとき灰となって残るので，**灰分** ともいう。無機質は，農畜産物中では無機塩類の形で存在するほか，たんぱく質・葉緑素などの有機物の構成成分として存在している。

無機質は，体内で酸化され，いろいろの塩類になる。りん・硫黄・塩素などは体液に酸性反応を与え，カルシウム・マグネシウム・ナトリウム・カリウムなどはアルカリ性反応を与える。そのため，りんを多く含む穀類や塩素を多く含む動物性食品は **酸性食品** とよばれ，カルシウム・カリウム・ナトリウムなどを多く含む野菜・果実類は **アルカリ性食品** とよばれる。人体の健康を維持するためには，体液が酸性・アルカリ性のいずれにもかたよらないような食物のとりかたをしなければならない。

(2) **ビタミン**　ビタミンは動物の栄養上不可欠の物質で，微量で重要な効果をもつ。多くのビタミンは体内で合成されないから，食物から摂取しなければならない。

ビタミンは，多くの種類が知られているが，取り扱い上の便宜から，水に溶けず油脂に容易に溶ける **脂溶性ビタミン** と，その反対の性質をもつ **水溶性ビタミン** とに分けられる。おもなビタミンの性質を示すと表 2-2 のとおりである。加工上それぞれのビタミンの性質を知って，損失を少なくするくふうをしなければならない。

6. その他

以上のほか，色素・香り成分・呈味成分・酵素などが微量含まれている。これらの成分は，栄養素としての価値はないが，色素や香り・呈味成分は，食品に色や香り・味をつけ，酵素はたんぱく質・炭水化物・脂肪などの代謝に関係する。表 2-3 には，おもな色素の種類と特性を示した。

表 2-2 おもなビタミンの性質

種類		性質	多く含まれている農畜産物
脂溶性ビタミン	ビタミンA	熱に安定であるが，空気中の酸素によって容易に酸化されて効力を失う。紫外線によっても破壊される。	肝蔵・バター・卵
	プロビタミンA	ビタミンAの前駆物質で，体内でビタミンAに変化し，ビタミンAと同じ効力をもつもの。カロチノイドのカロチン・クリプトキサンチンなどがあり，酸素・紫外線に不安定である。	にんじん・かんきつ・トマト（カロチン），トウモロコシ（クリプトキサンチン）
	ビタミンD	熱・酸には安定で，ふつうの状態では分解しない。	卵黄・バターなど
	プロビタミンD	エルゴステリンは，紫外線照射によってビタミンDの効力を示す。	きのこ・酵母など
	ビタミンE	熱や酸に安定である。	米・小麦の胚
水溶性ビタミン	ビタミンB_1	熱に不安定で，とくにアルカリ性の溶液のばあいにいちじるしい。	米ぬか・酵母
	ビタミンB_2	光に対して不安定である。リボフラビンともいう。	米ぬか・牛乳・酵母・肝蔵
	ビタミンC	熱に不安定で，水に溶けると容易に酸化される。	かんきつ・緑茶

表 2-3 おもな色素の性質

種類	性質
クロロフィル（葉緑素）	緑色色素で，アルカリ性の水溶液で熱すると濃緑色になり，酸の作用でかっ色になる。直射日光に当たると酸化して退色する。
カロチノイド	カロチンおよび構造的にカロチンに類似する黄色か紅黄色の色素で，にんじん・とうがらし・とうもろこしなどに含まれる。カロチン類とキサントフィル類とがある。加熱，光線とくに紫外線により酸化されて変色する。金属イオンがあると酸化がいっそう促進されるので，加工に使う器具類の選択に注意する。
アントシアン	赤・紫・青などの色素で，いちご（赤色）・あずき（赤色）・しそ（赤色）・ぶどう（紫色）・なす（紫色）・黒豆（紫色）などに含まれる。酸化されると退色するが，鉄・アルミニウムなどの金属と結合すると安定する。
フラボノイド（アントキサンチン）	黄色の色素で，フラバノン類（かんきつ）・フラボン類（キャベツなどの白色部），フラボノール類（たまねぎの外皮）などがある。

§ 2. 原料の特性と加工用途

1. 米

(1) **米の性状と成分** 米はでんぷんを主成分とするカロリーの高い食品で、わが国だけでなく、東南アジア諸国の主食となっている。

玄米は、図 2-2 のように米粒の一端に胚がついており、全体が堅いぬか層で覆われている。ぬか層は消化がわるく、風味もわるいので、ふつうはぬか層を除き胚乳の部分だけを食用にしている。

ぬか層を除く操作を**とう精**(搗精)といい、一般に精米機を用いておこなう。玄米から除くぬか層の割合(**とう精度**という)によって、五分づき米・七分づき米・十分づき米(精白米)に区別される。それぞれの精白歩合・ぬか量(胚を含む)および消化率は表 2-4 のとおりである。

玄米の成分は 70 % 以上が炭水化物で、脂肪約 2 %、たんぱく質を約 7 % 含む。

炭水化物は大部分でんぷんで、わずかに糖・繊維素などを含む。米には**うるち米**と**もち米**があるが、成分やカロリーにはほとんど差がない。しかし、もち米のでんぷん

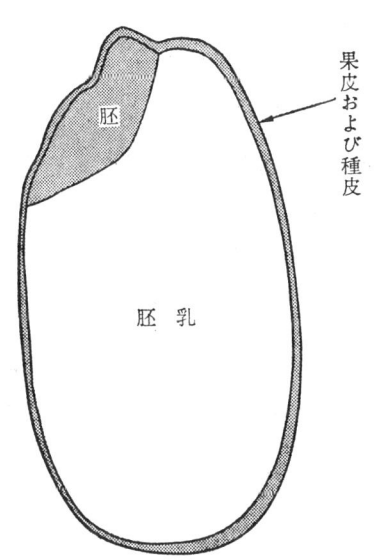

図 2-2 玄米の断面構造

表 2-4 とう精による米の性状の変化
(単位:%)

とう精度	精白歩合	ぬか量	消化率	
			粒食	粉食
玄 米	100.0	0	90.0	94.0
五分づき米	96.0	4	94.0	95.5
七分づき米	94.0	6	95.5	96.5
十分づき米(精白米)	92.0	8	98.0	98.0

(桜井芳人「食糧学」昭和 33 年による)

はそのほとんどがアミロペクチンで,水を加えて加熱すると強い粘りが出る。うるち米のでんぷんはアミロペクチンとアミロースからなっている。

たんぱく質は大部分グルテニンに属する。必須アミノ酸のうちリジンやスレオニンなどが不足しているが,必須アミノ酸はすべて含んでおり,穀類のたんぱく質のなかでもっとも栄養価が高い。このことは米食をする日本人にとって,米はたんぱく質源としてすぐれた食物であることを意味している。

脂肪・たんぱく質のほとんどはぬか層に含まれており,また炭水化物の代謝に必要なビタミンB_1も,ぬか層や胚に含まれている。したがって,脂肪・たんぱく質・ビタミンB_1などは,とう精度が高いほど失われる量が多い。

このように,とう精によってぬか層・胚に含まれる脂肪・たんぱく質・ビタミンB_1が取り除かれるので,栄養上不利のようであるが,失われたこれらのものは他の食品によって補給し,ぬかは油脂原料・家畜飼料などに利用するのが好ましい。

玄米は,米粒がよく充実し,品種固有の粒重があり,光沢のあるものがよい。胴割れ米・死米・黒変米・黄変米などを含むものは不良米とされる。青米やくず米は商品価値はないが,栄養的には正常米とかわりないので,自家加工や飼料として利用できる。

(2) 米の加工利用

(ア) 精 米　うるち米は炊飯して飯として食用されるほか,菓

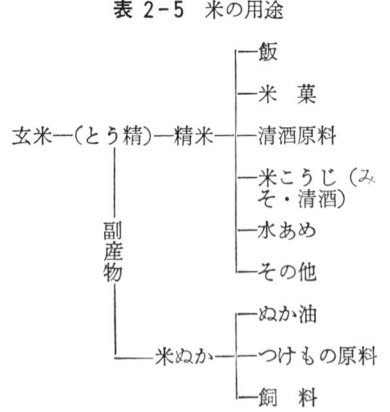

表2-5　米の用途

子や清酒の原料に用いられる。清酒用には、飯米用にくらべてたんぱく質含量の多い品種が適しており、酒米として特別に指定されている。また、蒸し米にこうじかびを繁殖させた米こうじは、みそ・清酒の醸造原料として重要である。

(イ) **米　粉**　　米粉は、もち米・うるち米を製粉したもので、製菓原料などに用いられる。米粉にはつぎのような種類がある。

上新粉　　うるち米を水浸して摩砕し、粉状にして乾燥したもの。

みじん粉　　うるち米を炒った後、製粉したもの。

らくがん粉　　もち米を蒸した後、乾燥し製粉したもの。

白玉粉　　もち米を冷水中に水浸し、これを摩砕した後、十数日間水さらしして天日乾燥したもの。

(ウ) **米ぬか**　　米ぬかは、脂肪分を18％くらい含む。精米工場などで大量に出たものは、米ぬか油などに仕向けられ、脂肪分を分離して採油される。米ぬか油は食用油とするほか、各種の工業用原料として使われる。

自家精米で出た米ぬかは、家畜の飼料、つけものの材料などに使えば有効に利用できる。

2.　麦　類

麦類には、大麦・小麦・えんばく・ライ麦などがあり、わが国では大麦・小麦が食用にされ、ライ麦・えんばくは家畜の飼料として利用されることが多い。

(1) **大　麦**

(ア) **性状と成分**　　大麦には、穀粒をつつむ稃が分離しにくい皮麦[1]と、

---

[1] 一般に皮麦のことを大麦とよぶ。皮麦は東日本で多く栽培され、裸麦は西日本で多く栽培されている。

表 2-6 大麦のとう精による性状の変化
(単位:％)

	精白歩合	ぬか量	消化率	
			粒状	圧ぺん
皮麦	90	10	60	73
	80	20	75	85
	70	30	83	90
裸麦	100	0	70	80
	92	8	80	85
	85	15	85	89
	80	20	90	92

(表 2-1 と同じ資料による)

分離しやすい裸麦とがある。大麦はとう精して外側のぬか層を取り除くが，そのままでは消化がわるいので，圧ぺんして**押し麦**にしたり製粉したりして利用する。

大麦は，とう精度を高くするほど消化率はよくなるが，栄養成分の損失が大きい。また，粒状のまま利用するよりも，圧ぺんしたほうが，消化吸収率が高くなる（表 2-3）。押し麦（精白歩合，皮麦55〜65％，裸麦60〜70％のもの）の栄養成分は，炭水化物が75％くらいで精白米とほとんどかわらないが，たんぱく質・脂肪・無機質・ビタミンB_1の含量は精白米よりも多い。そのため，精白米に不足するビタミンB_1を補給するため，押し麦が常食された時代もあった。

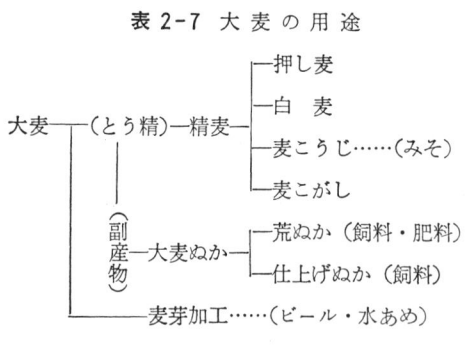

表 2-7 大麦の用途

(イ) **加工利用**

a. **精麦** 精麦は，押し麦・白麦・麦こうじ・麦こがしなどに加工される。押し麦の縦みぞにそって2分割し，さらにとう精・圧ぺんした白麦は，米飯と混食される。麦こうじは麦みその原料である。

麦こがしは，精麦を水洗・乾燥し，焦げない程度に加熱して粉砕し，

ふるい分けしてつくった粉で，菓子の原料として使う。

b. **大麦ぬか**　大麦ぬかには，とう精のはじめに出る粗繊維含量の多い荒ぬかと，荒ぬかをとった後に出る仕上げぬかとがある。いずれも飼料として使えるが，両者を混合して使うことが多い。

c. **麦　芽**　麦芽は，大麦を発芽させたもので，発芽するときに生成される酵素類のうち，とくにでんぷん分解酵素によって，でんぷんの糖化をおこさせるための原料である。水あめ・ビールの醸造には欠かせない。ビール用の麦芽には2条大麦（ビール麦ともいう）が適している。

(2)　**小　麦**

(ア)　**性状と成分**　小麦は，強じんな果皮で覆われ，深い縦みぞが中央にあるので，米や大麦のように果皮を取り除くことは困難である。また胚乳の部分が柔軟なため，とう精するとくずれてしまい粉状になりやすい。

そこで胚乳部が粉になりやすいのに対し，果皮が強じんで粉になりにくい性質を利用して小麦の全粒を粉砕し，胚乳部（小麦粉）と果皮部（ふすま）をふるい分けて，小麦粉を得ることができる。この操作が製粉工程である。

小麦の成分は，炭水化物70％，たんぱく質9～14％，脂肪2％，無機質（灰分）1～2％である。たんぱく質の主成分はグリアジンとグルテニンである。これらはグルテンを生成するもので小

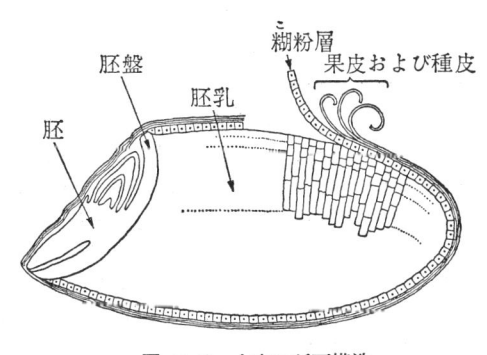

図 2-3　小麦の断面構造

麦粉に粘弾性を与えるもととなっている。グルテンの含量や性質は，小麦の品種や産地によって差があり，その差が小麦粉の品質や用途を左右する。必須アミノ酸のうちリジンがいちじるしく不足しているので，パン食をするばあいは動物性食品で補う必要がある。

炭水化物はでんぷんが大部分で，アミロースとアミロペクチンとからなり，その割合は3:7である。無機質やビタミン類は，果皮部や胚部に多く含まれており，製粉するとこれらの成分の失われる割合が大きい。とくにビタミンB_1，B_2が不足するので，製粉後これらのビタミンを添加して強化することもある。

(イ) **加工利用**

a．**小麦粉** 小麦はそのままでは食用に適さないので，ふつうは小麦粉に加工してからパン・めん類・菓子などに利用する。小麦粉は，水を加えてこねたときのグルテンの含量や性質などによって表2-8のように分類され，それぞれ用途が異なる。

小麦粉の性質は，原料小麦の胚乳部の堅さや**ガラス質**[1]の割合などと関係が深い。**強力粉**(きょうりき)・**準強力粉**は，たんぱく質やガラス質の多い硬質小麦からつくられる。グルテンが多く粘弾性もあるので，パンの原料と

表2-8 小麦粉の種類と性質・用途

種類	粒度	グルテン		原料小麦の性質	おもな用途
		含量	性質		
強力粉	あらい	もっとも多い	強い	硬質・ガラス質	パン(食パン)
準強力粉	あらい	多い	強い	硬質・中間質	パン(菓子パン)
中力粉	細かい	中くらい	やわらかい	中間質・中間質	めん類・料理
薄力粉	ひじょうに細かい	きわめて少ない	ひじょうにやわらかい	軟質・粉状質	菓子・ビスケット
デュラム粉	ひじょうにあらい	多い	やわらかい	硬質・ガラス質	マカロニ・スパゲティ

---

(1) 粒の断面が半透明であめ色をしている性質をガラス質という。

して最適である。硬質小麦は，寒い地方の春まき小麦に多く，わが国では生産されていない。

わが国で生産される小麦の大部分は，たんぱく質やガラス質のやや少ない**中間質小麦**である。中間質小麦からつくられる小麦粉は**中力粉**とよばれる。グルテンの性質がやわらかく粘弾性がやや弱いので，パン用としては不適で，わが国の伝統的な食品であるうどん・そうめんなど，めん類の原料としてすぐれている。胚乳部のやわらかい**軟質小麦**からつくられる**薄力粉**は，グルテン含量も少なく，粘弾性も弱く，菓子やビスケット加工に適する。なお，**デュラム粉**は，南ヨーロッパで生産されるデュラム小麦とよばれる硬質小麦からつくられるが，グルテンの性質がやわらかいので，マカロニやスパゲティなどの独特な食品の原料に使われる。

b．**ふすま** 製粉の副産物であるふすまは，飼料としょうゆ醸造に使われる。しょうゆ醸造用として，胚乳部を多少残した状態のふすまを**醬麦**（しょうばく）という。

c．**丸小麦** 丸小麦は，しょうゆこうじの原料として使われる。

3. 豆　　類

わが国は昔から米・麦とともに豆類を重要な食料資源として加工利用し，日常の食生活から切り離すことのできないいろいろな食品をつくり出してきた。豆類は栄養価が高く，良質のたんぱく質と脂肪・無機質・ビタミン類の給源となる。

加工に利用される豆類の種類を，成分別に大別するとつぎのとおりである。

① たんぱく質や脂肪を主成分として加工利用されるもの　　だいず・らっかせい。

② でんぷんやたんぱく質を主成分として加工利用されるもの
あずき・えんどう・いんげん・りょくとう。

(1) だいず（大豆）

(ア) 性状と成分　だいずは，子葉・胚・種皮からなり，子葉や種皮の色から，黄だいず・青だいず・黒だいずに分けられる。わが国では黄だいずがもっとも多く栽培され，みそ・しょうゆをはじめ各種の食品原料として使われる。

だいずは，たんぱく質約40％，脂肪14～18％を含んでいるが，成分含量は品種あるいは栽培条件・土・気候などによってちがう。国内産だいずはたんぱく質の含量が多く，アメリカ産だいずは脂肪の含量が多い。たんぱく質の必須アミノ酸組成は動物性たんぱく質のそれに似てリジンに富み，小麦たんぱく質や米たんぱく質の欠点を補うことができる。

脂肪は，リノール酸・オレイン酸を主とする不飽和脂肪酸を多く含む。炭水化物は約25％含まれているが，でんぷんはほとんど含まれない。ビタミンB_1，B_2は比較的多い。無機質ではカリウムの含量が多い。

だいずには特殊成分として，トリプシン阻害因子や血液凝固物質（ヘマグルチニン）が含まれているので，生のまま食用にすることは適当でない。しかし，これらの物質は加熱によって破壊されるため，加工にさいして加熱処理することは，この点からも合理的である。

(イ) 加工利用　だいずは畑の肉といわれるように，食品としての価値が高いが，子葉の組織が堅く，煮たり炒ったりする程度ではじゅうぶん軟化せず，消化がわるい。そのため，わが国では煮熟した後，微生物を作用させて組織を軟化させたり，粉砕して可溶性の消化しやすい物質を取り出したりする加工法が古くから発達していた。みそ・しょうゆ・なっとう・とうふがそれである。このような食品に加工す

ることによって消化率はひじょうに高くなる。みそ・しょうゆ・なっとうなどの加工には，たんぱく質含量の多い国内産だいずが適する。

だいず油も，食用油・油脂加工品原料として重要性を増している。だいず油は，圧搾または溶剤抽出法によって工場生産され，小粒種の脂肪含量の多いだいずが使われている。原料だいずはほとんど外国から輸入している。

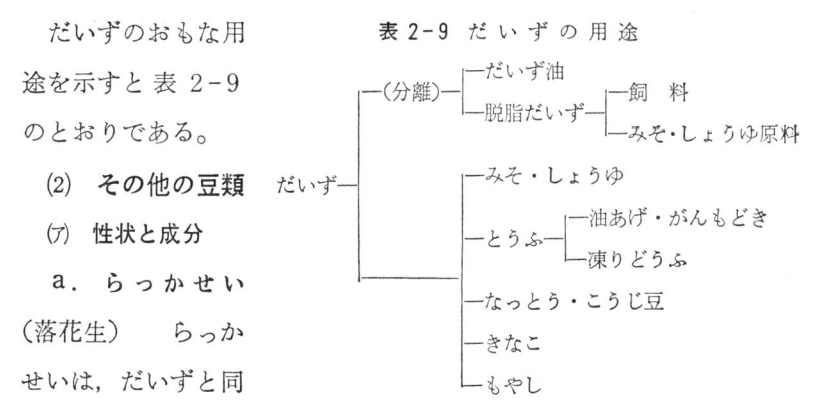

だいずのおもな用途を示すと表 2-9 のとおりである。

表 2-9 だいずの用途

```
            ┌─(分離)─┬─だいず油
            │       └─脱脂だいず─┬─飼 料
            │                    └─みそ・しょうゆ原料
            ├─みそ・しょうゆ
   だいず─┤
            ├─とうふ─┬─油あげ・がんもどき
            │        └─凍りどうふ
            ├─なっとう・こうじ豆
            ├─きなこ
            └─もやし
```

(2) その他の豆類

(ア) 性状と成分

a．らっかせい（落花生） らっかせいは，だいずと同様にたんぱく質・脂肪に富んでおり，栄養価の高い食品である。

小粒種は脂肪含量が多く，搾油してらっかせい油をとる。らっかせい油はオレイン酸を主体とする不飽和脂肪酸に富む。

b．あずき（小豆） あずきの粒は赤色のものが多いが，黄白色・かっ色のものもある。

あずきの主成分は炭水化物である。たんぱく質の含量は少ないが，その約 80 % はグロブリンである。ビタミン類は，ビタミン B_1 をとくに多く含む。またタンニンを含み，鉄イオンで黒変する。そのため加工のさいの容器は，鉄製のものはさける必要がある。

c．えんどう 主成分は炭水化物である。完熟乾燥したえんどうのたんぱく質はレグメリンといい，アミノ酸組成はトリプトファンとメチオニンは少ないが，比較的均衡のとれた食品である。

表 2-10　豆類の用途

種類	加工利用と製品名
らっかせい	搾油——らっかせい油・搾油かす，菓子原料・ピーナッツバター・ピーナッツクリーム
あずき	あん原料——さらしあん・ねりあん，菓子原料・甘なっとう・ゆであずき（かんづめ）
りょくとう	豆もやし・あん・はるさめ・煮豆
えんどう	あん・菓子原料・煮豆・みそ・しょうゆ
いんげんまめ	あん・甘なっとう・きんとん・煮豆・菓子原料

以上のほか，りょくとう・いんげんまめなどがあり，いずれも主成分はでんぷんである。

(イ) **加工利用**　　だいず以外の豆類は表2-10のように加工利用される。

4. いも類

わが国で生産されるいも類のおもなものは，さつまいも・じゃがいも・こんにゃくいもなどで，とくにじゃがいも・さつまいもの生産量が多い。

(1) 性状と成分

(ア) **さつまいも**　　さつまいもは，約70％が水分で約28％のでんぷんを含む。単位面積当たりのでんぷん収量は作物のなかで最高である。でんぷんのほか，蔗糖・ぶどう糖・果糖・マンニット・イノシットを含み，これらがさつまいもの甘味を形成している。

無機質ではカリウムの含量がとくに多いのが特徴である。ビタミンはB_1およびCが多いほか，カロチンも含まれている。さつまいもは，強力なβ-アミラーゼを多く含み，加熱するとでんぷんの糖化がおこなわれ，甘味を増す。

(ｲ) **じゃがいも**　じゃがいもは，約 80 % が水分で，16 % くらいのでんぷんを含む。無機質ではカリウムの含量が多い。また，ビタミン B_1，C を比較的多く含み，熱を加えて調理しても損失が少ないのが特徴である。じゃがいもに含まれているソラニンは，苦味があり有毒である。一般に，緑色部や発芽した部分に多く含まれているので，よく取り除いて調理する。

じゃがいもの切り口がかっ色に変化するのは，チロシンが酵素によって酸化されるためである。空気と接触しないように，水あるいはうすい酢酸や食塩の水溶液に入れると変色を防ぐことができる。

(ｳ) **こんにゃくいも**　さといも科に属する多年生草本で，植付け後 3～4 年めのものを加工利用する。こんにゃくいもの主成分は，グルコマンナンという多糖類で，この成分を生いものまま，または精粉 (171 ページ参照) の形で分離してこんにゃくの原料とする。製品は栄養分をほとんど含まない。

(2) **加工利用**

(ｱ) **でんぷん**　じゃがいもやさつまいもは，食料事情のわるい

図 2-4　こんにゃく

時代には米の代用食として利用されたこともあるが，現在では主成分であるでんぷんを分離して，それを水あめやぶどう糖・アルコールに加工する利用法が一般的である。いものでんぷんは，原料を摩砕機ですりつぶし，水洗と沈殿を繰り返すと比較的容易に分離できる。

(ｲ) **乾燥さつまいも**　さつまいもを蒸して乾燥させると，でんぷん

が糖化して甘味を増すので，菓子の代用にされる。生干しさつまいもはアルコール原料として使われる。

5. 果　実　類

(1) **性状と成分**　果実類は一般に，組織がやわらかく外傷を受けやすい。しかも収穫後も呼吸と蒸散を営むので，時間がたつにつれて成分が失われたり変質したりして，食味や香りが低下する。このため生食用・加工原料用ともにできるだけ新鮮な状態のものを利用することが必要である。

呼吸作用は一般に温度が高いほどさかんであり，また生長の速いもも・びわなどは，りんごやなしにくらべてさかんである。

ももや西洋なしは，未熟のうちに収穫して一定の温度のもとで貯蔵すれば，追熟がおこなわれ，完熟に近い状態となる。

果実類の成分は，85～90％が水分で，炭水化物は糖質を主とし10～12％含まれる。無機質は比較的多く，果実類はアルカリ性食品である。ビタミン類ではビタミンCが多く，紅黄色系の果実にはカロチンが含まれている。

果実類の加工利用上からは，甘味・酸味成分や香り成分およびペクチン質が重要な成分で，それらの性質をあげるとつぎのとおりである。

(ア) **糖と酸**　果実のもつ甘味は，果実に含まれるぶどう糖・果糖・蔗糖である。果実は未熟なうちはでんぷんが

表 2-11　果じゅう中の糖の構成と含量　　（単位：％）

種　類	ぶどう糖	果　糖	蔗　糖
みかん	1.7	0.8	6.1
りんご	2.8	6.3	2.5
もも	0.8	0.9	5.2
ぶどう	8.1	6.9	0
なし	2.3	5.1	0.6
びわ	3.5	3.6	1.3
おうとう	3.8	4.6	―

（斎藤　進ほか「食品原料学」昭和46年による）

主であるが，完熟するにつれて糖分にかわり還元糖が増加する。糖の構成や含量は果実の種類によってちがい，表2-11のようである。

　酸味は，りんご酸・くえん酸・酒石酸・こはく酸などの有機酸によるもので，有機酸の構成や含量は果実の種類によって異なる。おもな果実の有機酸の構成と含量を示すと表2-12のようである。有機酸は人体の代謝に関係があるほか，食品の酸味やゼリー化などに重要な役割をもっている。

　果実の食味は，果実に含まれる糖と酸の比率によって決まる。

表2-12　果じゅう中の有機酸の構成と含量　　　（単位：％）

種類	くえん酸	りんご酸	その他の酸
りんご	0.03	0.7〜1.0	―
ぶどう	0.02	0.3	0.4 (酒石酸)
オレンジ	1.00	0.1〜0.2	―
もも	0.40	0.4〜0.7	―
なし	0.24	0.12	―
いちご	0.91	0.10	―

（表2-11と同じ資料による）

　(イ)　**香り**　果実の香りは，いろいろな香り成分が混合したものである。そのおもなものは，有機酸とアルコールが結合したエステル類によるもので，その組み合わせによって果実類特有の香りとなる。

　このほかアルデヒド類やテルペン類も香り成分となる。香り成分は果実類の熟度や収穫時期などによって異なるほか，加工操作の条件によって変化しやすい。

　(ウ)　**色**　果実類は未熟のうちはクロロフィルを含むため緑色が濃い。しかし完熟してくると赤・黄色かまたはその中間色を呈する。これらはアントシアン（赤・紫色）・フラボノイド（淡黄色か黄色）・カロチノイド（黄色か紅黄色）などの天然色素による。

　(エ)　**かっ変化**　りんご・なし・ぶどう・いちご・もも・バナナの切り口および果じゅうをそのまま放置するとかっ変する。これは果肉中のポリフェノール物質が，果肉中にある酸化酵素の作用を受けてか

っ色物質に変化するためである。かっ変を防ぐには，① 酸素を断つ，② 酵素作用をとめる，③ 還元物質を添加して物質が酸化されるのを防ぐ，などの方法がある。

　(オ) **ペクチン**　ジャムやゼリーの凝固作用はペクチンと有機酸・砂糖の三つの作用でできるので，これらの食品加工ではペクチンを多く含むものが適している。ペクチンの多い果実には，かんきつ類・りんご・いちじくなどがある。

(2) **加工利用**　果実類は，生のままで食べるのが，もっとも合理的であるが，生果のままの長期貯蔵がむずかしく，その生産も季節的である。そのため果実類は，果じゅう・シラップづけ・ゼリー・ジャム・マーマレードなどに加工することによって，生果のない時期でも風味を味わうことができるので，食生活を豊かにし，うるおいを与えてくれる。食生活の多様化・高度化につれて，果実加工品への需要は，ますます増大している。

　果実類は果じゅう・果皮・果肉のいずれも加工利用が可能であり，表2-13のような加工用途がある。

表 2-13　果実類の用途

利用する部位	加　工　品
果　じゅう	ジュース・ゼリー・レモネード・果実酒・調味料
果　　　肉	びん・かんづめ(シラップづけ)，ジャム・乾燥果実
果　　　皮	マーマレード・オレンジピール・砂糖づけ
全　　　果	果実酒

6. 野　菜　類

(1) **性状と成分**　野菜類は果実類と同様に，水分が多く組織が柔軟で，外傷を受けやすく，貯蔵性がない。収穫後も呼吸作用や蒸散がおこなわれるため，時間が経過すると品質が低下する。また変色した

り香りが失われたりして利用価値も低下する。

　野菜類は利用する器官によって成分や性状が異なる。水分が多いのでカロリーは少ないが，ビタミン類や無機質を豊富に含み，一般にアルカリ性食品(1)として重要なはたらきをもつ。

　たんぱく質のアミノ酸組成は良質で，茎葉にはアスパラギン酸・グルタミン酸を含み，うま味のもとになっている。

　炭水化物のおもなものはでんぷんを主とする糖質で，ほかにペクチン・ペントザン・イヌリン・ガラクタン・マンナンなどを含んでいる。ビタミン類はとくにA・Cの給源としてすぐれている。

　野菜類の色素は，緑色野菜ではおもにクロロフィルである。なすやしそなどはアントシアン，にんじん・トマト・かぼちゃなどの黄色や赤黄色系の野菜類はカロチノイドを含む。キャベツやたまねぎなどの白色にみえる部分には，フラボノイドを含む。

　野菜類は繊維素が多いが，やわらかく，消化器官を刺激して整腸作用がある。そのほか，香りや多じゅう質により食欲増進にも役だつ。

　(2)　**加工利用**　野菜類の多くは，副食として煮もの・サラダに利用されるが，果実と同様貯蔵力がないので，乾燥・塩づけによって貯蔵する加工法が古くから発達した。とくに，つけものは野菜の少ない冬の食品として重要なばかりでなく，塩味や調味に使われる材料の風味が食欲を増進し，米食を主とする日本人の食生活に欠かせないものになっている。

　近年は，かん・びんづめや冷凍食品などが工場生産され，野菜の用途を多様にしている。

　加工に利用されるおもな野菜類の利用法は表2-14に示した。

---

　(1)　大部分の野菜はアルカリ性食品であるが，なかにはねぎ・たまねぎなどのように酸性食品もある。

表 2-14 加工に利用されるおもな野菜類の利用法

種　類	利　用　法
だいこん	つけもの加工・乾燥だいこん
かぶ	つけもの加工
にんじん	つけもの加工・乾燥にんじん
ごぼう	つけもの加工
はくさい	つけもの加工
たいさい	つけもの加工
こまつな	つけもの加工
ほうれんそう	乾燥加工
キャベツ	つけもの加工
かぼちゃ	乾燥加工
きゅうり	つけもの加工
トマト	ジュース・ピューレ・ケチャップ加工
ゆうがお	かんぴょう
なす	つけもの加工
ピーマン	香味やつけもの加工
らっきょう	つけもの加工
にんにく	香味とつけもの加工
アスパラガス	かん・びんづめ加工
たけのこ	かん・びんづめ加工

7. 肉　類

わが国では，仏教の伝来とともに殺生をいみきらい，畜肉を食用にしない習慣が明治初年までつづいた。それまでの動物性たんぱく質の給源は，鶏肉・うさぎ肉や魚肉がおもなものであった。

明治以後，欧米の食習慣の流入とともに畜肉やその加工品が食用に供されるようになり，とくに昭和30年以降消費量は飛躍的に増大した。

(1) 食肉の性状

(ア) 組　織　　食肉として利用される家畜の肉は筋肉であり，筋繊維・結合組織・脂肪組織・血管・神経組織などからなりたっている。内臓類や血液・軟骨・皮などを食用とするばあいもあるが，食肉とは区別されている。筋肉は横紋筋・平滑筋・心筋に大別されるが，食肉として利用されるのは横紋筋で，家畜の骨格筋のすべてがそれである。

結合組織は筋繊維を膜状につつみ，このなかに血管や神経があり，筋繊維間に分布している。

脂肪組織は，多くの脂肪球をもった脂肪細胞の集まりで，結合組織につつまれ，皮下や内臓に多く分布している。脂肪組織の性状や脂肪の融点（表2-15）は，風味と関係が深い。

(イ) **肉の色**　　肉類の色は，肉中に残存する血液中のヘモグロビンと筋肉中の色素ミオグロビンである。これらの色素の多少が肉色の濃淡をあらわす。肉類は，加熱によって変色するので，肉加工では発色剤を使って変色を防いでいる（194ページ参照）。

表 2-15　動物性脂肪の融点

脂肪の種類	融点(℃)
牛　　脂	40～50
豚　　脂	33～46
馬　　脂	30～43
羊　　脂	44～55
兎 し 脂	25～46
鶏　　脂	20～28

（橋本吉雄編著「畜肉の科学と製造」昭和41年による）

(ウ) **肉の味と香り**　　新鮮な生肉はほとんど味・香りを感じないが，加熱によって肉独得の味と香りを生ずる。これは肉中の水溶性成分や脂肪が加熱によって変化したものと考えられる。

(エ) **死後硬直**　　と殺後のと体は，一定時間後筋肉が堅くなる。これを死後硬直という。硬直中の肉は加熱調理しても堅く，加工するばあいも肉たんぱく質の水和性が減少しているので，結着性がわるい。

　死後硬直は高温時には早くおこり，低温ではその開始がおくれる。一定時間を経過するとふたたび肉が軟化して硬直状態はとれ，風味は向上する。これは肉中のたんぱく質分解酵素の作用によるもので，**自己消化** または **熟成** といわれる。

　したがって畜肉を利用するばあいは，死後硬直をとく必要がある。肉類は微生物などによる変敗をおこしやすいので，熟成は冷蔵して低温で徐々におこなわせる。

(2) **食肉の成分**　　食肉の成分組成は，家畜の種類や性別・年齢・飼養状態，と体の部位などにより差異がある。

(ア) **たんぱく質**　　たんぱく質は肉の主成分で，筋肉中には約 20％ 含まれている。たんぱく質はミオシンおよびミオゲンからなり，アミノ酸の組成は，人体の成長や健康に関係の深い必須アミノ酸のすべてを含み，とくにリジンの含量が多く，消化もよい。しかし，結合組織

に含まれるたんぱく質はコラーゲンとエラスチンで硬たんぱく質に属する。老齢家畜の肉やじん帯の肉が堅いのはこのためで、消化がわるい。

　(イ)　**脂　肪**　　脂肪は家畜の飼養状態や部位により、含量や性質がいちじるしく変動する。筋肉中の沈着脂肪や皮下脂肪はステアリン酸・パルミチン酸・オレイン酸などからなる中性脂肪であるが、内臓の脂肪はりん脂質やコレステリンからなっている。

　(ウ)　**炭水化物**　　炭水化物の含量はきわめて少なく、主としてグリコーゲンである。馬肉は他の畜肉にくらべてグリコーゲンその他の糖質の含量が多いので、他の畜肉との判定に利用されている。

　(エ)　**無機質**　　無機質は全固形分中約 $3 \sim 4\%$ を占め、りん・硫黄が多く酸性を示す。

　(オ)　**ビタミン類**　　脂肪中にビタミンAが少量含まれる。内臓にはビタミンA・B・Dなどが多く含まれる。豚肉には、他の畜肉にくらべてビタミン B_1 の含量が多い。

(3) 食肉の種類別特徴

　(ア)　**牛　肉**　　肉色は鮮紅色で、肉はやや堅く弾力がある。肉用牛の肉は、肉質がよく、精肉として多く使われる。

　(イ)　**豚　肉**　　淡紅色で肉は繊細でやわらかく、風味がある。脂肪の含量が多いので、体脂肪の性質が肉質を左右する。加工用には、生体重 $80 \sim 100 \, kg$ で、脂肪が純白で融点の高いものが良品とされる。

　(ウ)　**馬　肉**　　暗赤色で肉色は濃い。肉質は堅く甘味がある。ソーセージ原料などに使われる。

　(エ)　**羊肉・やぎ肉**　　成羊肉をマトン、生後1か年以内の子羊肉をラムという。濃赤かっ色をして肉はやわらかい。羊・やぎの肉の脂肪は特異臭がある。羊肉・やぎ肉はソーセージなどの加工に使われる。

(オ) **うさぎ肉** 淡紅色で風味に乏しいが，肉はやわらかい。粘りがあり結着性が強いので，ソーセージなどの結着肉として使われる。

(カ) **鶏 肉** 鶏肉には，肉用若鶏（ブロイラー）肉と廃鶏肉とがある。もも肉は赤みが強くやや堅いが，風味がある。

鶏肉は，多くは精肉として利用されているが，肉加工には結着肉として，プレスハム・ソーセージに混用される。

(4) **加工利用** わが国では，牛・馬・豚・羊・やぎのと殺・解体は**と畜場法**によって規制されており，無断でと畜場以外の場所でと殺・解体し，食用に供することはできない。ただし，豚・羊・やぎは，都道府県知事に届け出れば，主として自家用とするばあいにかぎり，と殺・解体が認められている。したがって，豚・羊などのと殺は，正規の手続きをとるか，と畜場に依頼すればよい。

鶏・うさぎ・あひるなどの小家畜は，と殺・解体についての規制がないので，塩づけ肉・くん煙肉などの自家加工に利用できる。

肉類のおもな用途を示すと表 2-16 のとおりである。と体から肉をとった残りの副産物は，各種の食品材料・工業用材料などに利用される。そのおもなものを示すと表 2-17 のとおりである。

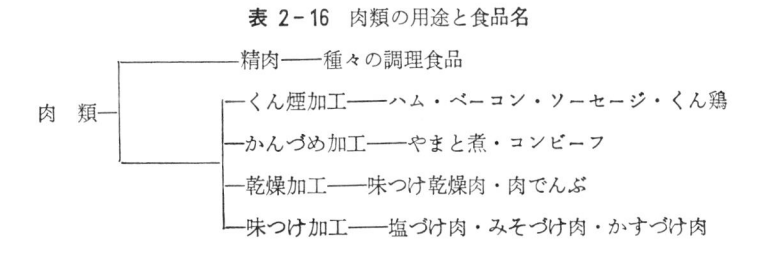

表 2-16 肉類の用途と食品名

```
        ┌─精肉────種々の調理食品
        ├─くん煙加工──ハム・ベーコン・ソーセージ・くん鶏
肉 類 ──┤─かんづめ加工──やまと煮・コンビーフ
        ├─乾燥加工────味つけ乾燥肉・肉でんぶ
        └─味つけ加工──塩づけ肉・みそづけ肉・かすづけ肉
```

表 2-17 と殺副産物の利用

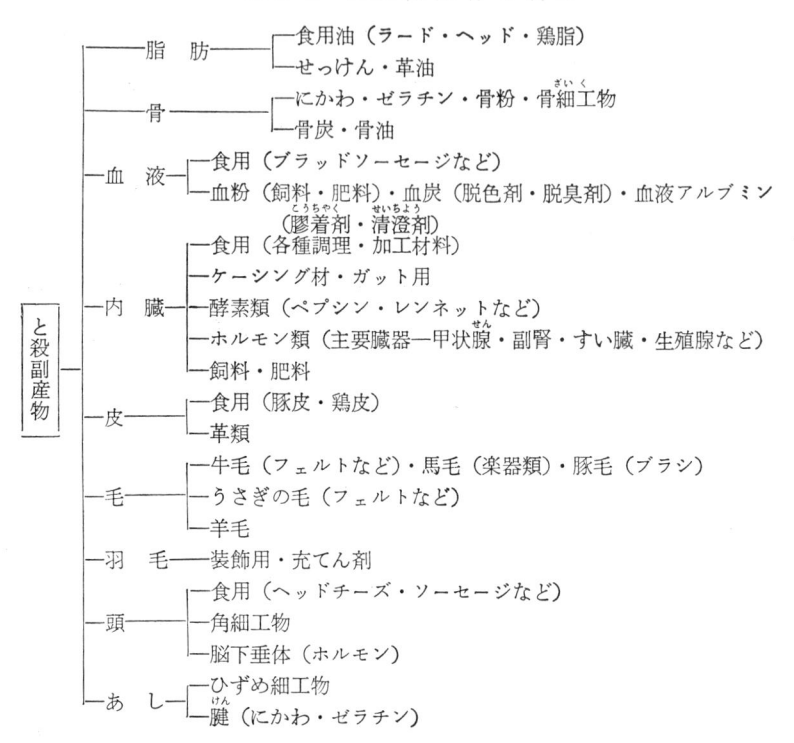

```
              ┌─脂  肪─┬─食用油（ラード・ヘッド・鶏脂）
              │        └─せっけん・革油
              ├─骨────┬─にかわ・ゼラチン・骨粉・骨細工物
              │        └─骨炭・骨油
              ├─血  液─┬─食用（ブラッドソーセージなど）
              │        └─血粉（飼料・肥料）・血炭（脱色剤・脱臭剤）・血液アルブミン
              │          （膠着剤・清澄剤）
              ├─内  臓─┬─食用（各種調理・加工材料）
と殺副産物──┤        ├─ケーシング材・ガット用
              │        ├─酵素類（ペプシン・レンネットなど）
              │        ├─ホルモン類（主要臓器─甲状腺・副腎・すい臓・生殖腺など）
              │        └─飼料・肥料
              ├─皮────┬─食用（豚皮・鶏皮）
              │        └─革類
              ├─毛────┬─牛毛（フェルトなど）・馬毛（楽器類）・豚毛（ブラシ）
              │        ├─うさぎの毛（フェルトなど）
              │        └─羊毛
              ├─羽  毛──装飾用・充てん剤
              ├─頭────┬─食用（ヘッドチーズ・ソーセージなど）
              │        ├─角細工物
              │        └─脳下垂体（ホルモン）
              └─あ  し─┬─ひずめ細工物
                        └─腱（にかわ・ゼラチン）
```

8. 鶏卵

(1) 性状と成分

鶏卵の構造は，図 2-5 のようである。

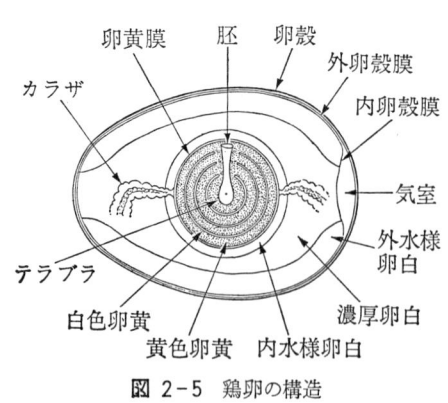

新鮮な卵の卵白は，粘度が高く割ったとき表面が盛りあがるが，古くなると水様化して液状となる。卵白は，約58°Cで凝固しはじめ，62～65°Cで流動性を失う。70°Cで完全に凝固する。完全に凝固した卵白

図 2-5 鶏卵の構造

（図中ラベル：卵黄膜，胚，卵殻，外卵殻膜，内卵殻膜，カラザ，気室，外水様卵白，テラブラ，濃厚卵白，白色卵黄，黄色卵黄，内水様卵白）

は消化がわるい。

卵黄は，白色卵黄と黄色卵黄が交互に層をなし，65°Cで凝固しはじめ70°C以上で完全に凝固する。

卵の成分は，卵白は水分とたんぱく質，卵黄はたんぱく質と脂肪が主体である。

卵白のたんぱく質はアルブミンが大部分で，このほか少量のグロブリンを含む。卵黄のたんぱく質はりんたんぱく質・リポたんぱく質を多く含む。いずれもアミノ酸組成はきわめてよく，すぐれたたんぱく質食品である。

脂肪にはりん脂質（大部分レシチン）が多く含まれる。

(2) **加工利用**　　鶏卵はたんぱく質・脂肪のほか，無機質・ビタミン類に富み栄養価の高い食品である。

一般に全卵のまま調理に利用されているが，欧米風の食品の普及にともなって，液卵・粉卵の形で保存し，マヨネーズの乳化剤や各種の食品に利用されている。

また，古くからわが国で加工されているものとして，くん製卵・石灰卵（ピータン）などがあり，珍重されている。

9. 乳　　類

乳じゅうは，ほ乳動物の乳腺分泌物で，動物の種類によってそれぞれ特徴をもった成分組成をしている。

乳じゅうには，幼動物の発育に必要な栄養素のすべてが理想的な形で含まれているので，単一食品としてはほぼ完全に近い栄養食品であり，また消化吸収もきわめてよい。

人間が古くから利用してきた乳じゅうには，牛乳・やぎ乳・羊乳・馬乳などがある。わが国では現在牛乳がもっとも多く飲用され，また

加工利用されているので，乳製品といえば，すべて牛乳の加工品をさすようになっている。

(1) **牛乳の性状と成分**　牛乳の成分組成は，乳牛の品種や飼養条件などにより差異がある。牛乳の成分のうち，そのおもなものの性質をあげるとつぎのようである。

(ア) **たんぱく質**　牛乳のたんぱく質は，カゼイン（りんたんぱく質）約78％，ラクトアルブミン約10％，ラクトグロブリン約6％その他からなっている。カゼインはカルシウムと結合してコロイド状に分散しているので牛乳は白色に見える。

カゼインは酸またはアルコール・レンニン（酵素）で凝固するが，短時間加熱しても凝固しない。ラクトアルブミン・ラクトグロブリンは，酸によって凝固しないが，70°C以上に加熱すると凝固する。

(イ) **脂　肪**　脂肪は牛乳中に脂肪球として分散して存在し，大きさは $0.1 \sim 10\,\mu$[1]で，アルブミンやグロブリンなどのたんぱく質を吸着して乳濁状になっている。牛乳脂肪は不飽和脂肪酸が少なく他の動物脂肪とは異なる。比重は $0.931 \sim 0.940$ (15°C)，融点は $28 \sim 36$°Cである。

(ウ) **炭水化物**　炭水化物は乳糖が大部分で，牛乳の甘味はこれによる。乳糖は乳酸菌によって分解され乳酸を生成する。このほかに微量であるが，ぶどう糖・ガラクトースを含む。

(エ) **無機質（灰分）**　無機質の含量は $0.6 \sim 0.8$ ％ときわめて少ないが，栄養上必要な無機物のほとんどを含んでいる。

カルシウムは，乳たんぱく質のカゼインと結合して存在し，また一部はりん酸カルシウム・くえん酸カルシウムの形で存在している。りんは無機態のほかにたんぱく質やりん脂質として含まれる。不溶性の

---

[1]　$1\,\mu$ は1,000分の1 mm。

無機質は乳酸発酵の過程で可溶性のものに変化する。

(オ) **ビタミン類**　牛乳には，主要なビタミンのすべてを含んでいるが，ビタミンA・カロチン・ビタミンB_2がとくに多い。ビタミンCは熱処理の段階でほとんど消失する。

(カ) **酵素その他**　アミラーゼ・リパーゼ・カタラーゼなどの各種の酵素を含む。牛乳を加熱処理や冷蔵するのは，殺菌のほかこれらの酵素の作用をおさえるためである。

なお出産直後に泌乳される牛乳を"初乳"とよび，たんぱく質含量が多いため，販売はできないが，自家用には利用している。

(2) **牛乳の加工利用**　農家から集荷された牛乳は，**飲用**と**加工用**に仕向けられる。飲用の牛乳は，工場で加熱殺菌し，びんづめなどにして市販される。加工用の牛乳は，遠心分離・濃縮・乾燥・乳酸発酵などの方法によって表2-18のような各種の乳製品に加工される。

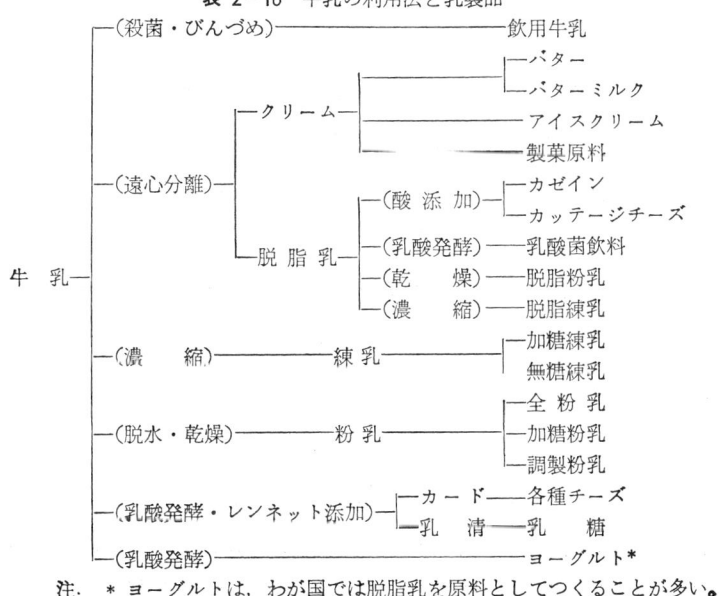

表2-18　牛乳の利用法と乳製品

```
                                                    ┌─バター
                                                    ├─バターミルク
                               ┌─クリーム──────┼─アイスクリーム
                               │                    └─製菓原料
                               │          ┌(酸 添 加)─┬─カゼイン
  ┌(殺菌・びんづめ)─────────飲用牛乳        │                 └─カッテージチーズ
  │                            │          ├(乳酸発酵)──乳酸菌飲料
  ├(遠心分離)───┬─脱脂乳─┼(乾　　燥)──脱脂粉乳
  │             │          └(濃　　縮)──脱脂練乳
牛乳             │                            ┌─加糖練乳
  ├(濃　縮)─────────練乳──────────────┤
  │                                            └─無糖練乳
  │                                            ┌─全粉乳
  ├(脱水・乾燥)─────粉乳───────────────┼─加糖粉乳
  │                                            └─調製粉乳
  ├(乳酸発酵・レンネット添加)─┬─カード──各種チーズ
  │                               └─乳清──乳糖
  └(乳酸発酵)─────────────────────────ヨーグルト*
```

注．　*ヨーグルトは，わが国では脱脂乳を原料としてつくることが多い。

10. その他の農産物

(1) **雑穀類**　わが国で加工利用される雑穀類は，おもにとうもろこしとそばである。

(ア) **とうもろこし**　とうもろこしの主成分は炭水化物で，その大部分がでんぷんである。硬粒種はたんぱく質9.5〜10.0％，脂肪4.5〜5.0％を含む。脂肪はそのほとんどが胚に含まれている。甘味種には蔗糖3.5％，還元糖1.8％を含む。

消化率は，焼いたり蒸したりしたものは30％くらいであるが，粉状にすると85％とよくなる。とうもろこしには，マルターゼ・インベルターゼ・プロテアーゼ・リパーゼ・オキシダーゼなどの酵素が含まれ，これらの強い酵素力のために粉状では貯蔵しにくい。

とうもろこしの加工品には，圧ぺんしたコーンフレーク，製粉したコーンミール・コーンフラワー・コーンスターチ，未熟子実のかんづめ，ポップコーンなどがある。

(イ) **そ ば**　そばは，わが国では古くから食用にされ，製粉したそば粉は，めん類・菓子原料として使われてきた。主成分はでんぷんで，たんぱく質10％くらいを含むが，粘弾性がないので，めんに加工するばあいは小麦粉を混入する。たんぱく質のアミノ酸組成は，ほかの穀類に不足するトリプトファン・スレオニン・リジンが多く含まれている。そば粉には，アミラーゼ・マルターゼ・リパーゼ・プロテアーゼ・オキシダーゼなどの酵素が多く，酵素作用が強くはたらくので，粉状での貯蔵には適さない。

(2) **茶**　茶は，鎌倉時代からひろく栽培され，上流階級で飲用されていたが，一般庶民に普及したのは江戸時代の初期である。生葉を摘んで加熱し酵素を不活性にしたものを飲用するが，わが国では緑色をそのまま保つ緑茶の製法が発達した。今日では紅茶もコーヒーとと

もにわれわれの生活に定着し，欠くことのできないし好飲料となっている。茶に含まれるカフェインには疲労回復や利尿作用がある。

わが国で栽培されている茶は，中国種，およびアッサム種と中国種との雑種（アッサム雑種）で，中国種は緑茶用に，アッサム雑種は紅茶用に使われる。

茶は製造法から緑茶・紅茶・ウーロン茶に分けられるが，それぞれつぎのような特性がある。

(ア) **緑 茶**　　緑茶は，生葉を短時間加熱して酸化酵素を破壊し，成分が酵素の作用で変化しないようにしてから乾燥したもので，**不発酵茶**ともいう。はじめに熱処理して酵素を不活性にするので，葉緑素はほとんど破壊されず，渋味成分であるタンニンもほとんど変化しない。また，ビタミンCも破壊されないで残る。

緑茶のうま味は，アミド態窒素によるもので，テアニンというアミノ酸の化合物である。この成分は，茶木に覆いをして栽培したばあいに多くなる。

(イ) **紅 茶**　　紅茶は，生葉を一定温度に保ち，葉のなかの酸化酵素をはたらかせて発酵させた後，加熱して酵素を不活性にし，乾燥したもので，**発酵茶**ともいう。酵素のはたらきによって葉緑素が分解し，タンニンが酸化されて，紅茶特有の色をもつようになる。ビタミンCはほとんどが分解される。

(ウ) **ウーロン茶**　　ウーロン茶は，生葉をしおらせながら発酵させ，つぎにかまで炒って酵素を不活性にして乾燥したもので，**半発酵茶**ともいう。発酵時間は紅茶よりも短く，風味は緑茶と紅茶の中間である。

(3) **山菜類**　　山菜類は山野に自生する植物のうち，食用になる若芽や茎葉を利用するもので，その種類は多い。従来は，山野に自生するものを採集して利用していたが，最近は栽培して生食や加工に利用

するようになったものもある。

　加工に使われる山菜としては，ぜんまい・わらび・よもぎ・やまごぼう・じゅんさい・つくし・ふきなどがある。

　そのおもなものの性状・成分をあげるとつぎのようである。

　(ア) **ふ　き**　　日本特産の山野に自生する多年草である。早春に葉より先に花穂のふきのとうを出す。葉柄とともに，糖質が比較的多く含まれていて特有の香りがある。栽培するふきには，みずぶき・わせぶき・あいちぶき・あかぶきなどがある。あきたぶきは葉柄の大きいのが特徴で，柄を砂糖づけにする。そのほかつくだ煮・つけものなどにも加工利用される。

　(イ) **よもぎ**　　よもぎは多量に含まれる葉緑素と香りを利用し，もちに春の若芽を入れて草もちにしたり，塩づけにして保存したりして利用する。よもぎは，リジン・トリプトファンなどのアミノ酸を多量に含み，良質のたんぱく質のほかカルシウム・鉄などの無機質が多い。カロチン含量は100g中7,000IU，ビタミンCは70mg%も含み，栄養価が高い。よもぎはあくが強く歯ざわりがよくないので，利用するまえに，じゅうぶんあく抜きをしたり，組織を軟化させたりすることが必要である。

図2-6　ふき　　図2-7　わらび

　(ウ) **わらび**　　わらびは，カロチン・ニコチン酸・ビタミンCを多く含む。わらびは新鮮で香りが高く，新芽がよく巻き込まれているのがよい。粘性多糖類による特有なめらかな歯ざわりをもつ。乾燥して干しわらびにしたり，塩づ

け・みそづけ・かすづけなどのつけものにしたりする。わらびは木灰や重炭酸カルシウムを0.2～0.3％用いてあく抜きをする必要がある。

㈢　**じゅんさい**　　古い池・沼に自生する多年生の水草である。どろのなかの根茎から茎を伸ばして，6～9cmの葉を水面に浮かべる。葉の表面につやがあり，裏面と茎にはかんてん様の粘液を分泌している。若芽の巻いているときにとってびんづめ加工する。

㈣　**やまごぼう**　　キク科，日本原産でキクゴボウ，ゴボウアザミ，モリアザミなどと呼ばれるもので，山野に自生する多年生草本である。栽培は日当たりのよい山地に6月ごろは種，10月から翌春にかけて収穫され，根を1週間水に浸してあく抜きし，赤みそ，こうじ，しょうゆ，塩などでつけ込んで加工する。

§3. 材料の特性と加工用途

1. 塩（塩味料）

(1) **塩の種類と性状**　　塩はその主成分が塩化ナトリウムで，海水や岩塩を分離・精製して製造される。加工に用いるおもな塩の種類と用途は，表2-19のとおりである。加工用には並塩がもっとも多く使われる。塩は塩味料のほか，塩の浸透性や脱水作用を利用して防腐の目的にも使われる。

塩は，水や温湯によく溶け，温度による溶解度の差は少ない。糖味や酸味のあるものに塩を少量加えると，甘味が強調されたり，酸味

表2-19　加工に用いる塩の種類と用途

種類	成分	用途
食卓塩	NaCl 99％以上，塩基性 $MgCO_3$ 0.4％以上	調味用
精製塩	家庭用:NaCl 99.5％以上，塩基性 $MgCO_3$ 0.15％以上 業務用:NaCl 99.5％以上，	乳製品
食塩	NaCl 99％以上	一般家庭用
並塩	NaCl 95％以上	つけもの・みそ・めん類・肉かんづめ類

をやわらげたりする作用をもつ。また塩は水または氷と混合すると，氷点降下の作用で温度を下げる性質があり，これを利用して冷却や冷蔵などの寒剤として使われる。

(2) **加工利用上の性質**　塩は食塩または食塩水として加工に利用する。食塩は，加工上つぎのような特性をもつ。

1) たんぱく質の加熱凝固を促進したり，小麦粉の粘弾性を増す効果がある。
2) クロロフィルを安定させ，緑色野菜などの保色に役だつ。また，オキシダーゼの作用をおさえて果実類や野菜類のかっ変を防ぐ。
3) 野菜類や果実類のあくや苦味成分などを除去する。
4) 食塩水処理で食品の粘質物を溶解させ，ぬめりなどをとる。

なお，食塩は人体の生理的な作用を調整するはたらきをもつ。

2. 糖（甘味料）

(1) **糖の種類と性状**　糖は甘味料として食品に甘味を与えるほか，風味・感触・湿潤性・保存性・光沢など，品質の向上に役だつ。

糖には砂糖・でんぷん糖（麦芽糖・ぶどう糖）・果糖・乳糖・はちみつなどがあり，これらを **天然甘味料**[1] とよんでいる。

砂糖は，さとうきび・てんさいのじゅう液に含まれている蔗糖を精製したもので，表2-20のような種類がある。

糖類は種類によって甘味の強さが異なり，蔗糖の甘味を100としたばあい，果糖が173でもっとも甘く，**転化糖**[2] 127，ぶどう糖74，麦芽糖32，乳糖16である。

---

[1] 天然甘味料に対して，化学物質で合成された人工甘味料としてサッカリンナトリウムがある。

[2] 砂糖を酸とともに加熱するか，酵素によって加水分解すると，ぶどう糖と果糖ができる。これを転化糖という。

(2) 加工利用上の性質

(ア) **砂糖** 砂糖は水や湯によく溶け，温度の上昇とともに溶解度を増す（表2-21参照）。砂糖溶液は他の糖類とちがって温度差による甘味度の変化がない。これは砂糖の大きな特徴である。

表2-20 砂糖の種類と糖度

種類		糖度(%)	種類		糖度(%)
含蜜糖	黒砂糖	86.00	精製糖	白ざらめ糖	99.94
	白下糖	80.40		グラニュウ糖	99.90
粗糖	原糖	96.84		中ざらめ糖	99.89
	中ざらめ糖	99.33		上白糖	96.15
	赤ざらめ糖	85.40		中白糖	95.19
加工糖	氷砂糖	99.95		三温糖	94.51
	角砂糖	99.81		液糖	67.20
	粉砂糖	96.66			

食品に砂糖を多く使うと，湿潤性を増してなめらかな舌ざわりとなる。これは砂糖の**保水性**[(1)]によるもので，小麦粉製品の生地(きじ)の安定性や，でんぷんの老化防止に役だつ。また濃厚溶液は，砂糖の浸透性により微生物の繁殖をおさえ，保存性

表2-21 砂糖の溶解度

温度(℃)	溶解度(%)	温度(℃)	溶解度(%)
0	64.18	50	72.25
10	65.58	60	74.18
20	67.09	70	76.22
30	68.70	80	78.36
40	70.42	90	80.61

（「理化学便覧」による）

を与える。この性質を利用したのがシラップづけや砂糖づけなどである。

砂糖溶液を加熱すると，その煮つめの程度によって性状がかわる。すなわち，約110°Cで煮つめると糸状にできるようになり，約116°Cでは丸めたり伸ばしたりできる。この性状を利用したのがあめ菓子やキャンデー類である。

砂糖は，酵母やその他の微生物の作用で，アルコール発酵や乳酸発酵をするので果実酒や乳酸の製造原料に使われる。そのほか，ペクチン・酸との配合でゼリー化するので，ジャム類の製造にも利用される。

(イ) **ぶどう糖（でんぷん糖）** でんぷんを酸または酵素で糖化して，

---

(1) 水分を保持する性質をいう。

濃縮・結晶させ，さらに精製したもので，粉状では清涼感があり，淡泊な甘味がある。

ぶどう糖にはαとβの異性体があり，α型は甘く，β型の甘さはα型の3分の2くらいである。一般にはα型で存在するが，水に溶けて時間がたつと，一部はβ型にかわるので，甘味が減少する。温度変化による甘味度の変化は少ない。

溶解性は砂糖にくらべて小さく，糖濃度の高い食品には不適である。また，加熱によって変色し，150°C以上では分解がいちじるしくなるので，高温加熱するものや，長時間加熱するものには不適当である。しかし，焼き菓子など，かっ変化による色づきを必要とする食品には使用できる。

(ウ) **はちみつ**　みつばちが集めたみつを分離・採取したもので，みつ源となる花の種類によって，色や香り成分にちがいがある。はちみつは主成分としてぶどう糖・果糖で約70％を含み，その他蔗糖4％，水分20％を含み，消化のよい滋養食品である。他の甘味料には含まれないビタミンB_1，B_2，Cが含まれている。はちみつは製菓材料などに使われるが，温度により甘味度がかわるほか，性状もかわるので，調味用には適さない。

3. 香辛料と着香料

(1) **香辛料**　芳香性と刺激性をもつ植物を香辛料（スパイス）として食品の調理や加工に使う。植物の種子や果実・花・根・樹皮などの部分が利用される。香辛料は肉加工，ケチャップ・ソースなどの製造には欠くことのできないものである。

香辛料は食品に香りを与え食品の異臭を消し，食欲を増進し，胃液の分泌をよくして消化を助けるほか，防腐の役割を果たすなどの効果

§ 3. 材料の特性と加工用途　47

表 2-22　香辛料の種類と性質および用途

種　類	原料・利用部位	性　質（成　分）	用　途
からし (Mustard)	からしなの種子の粉末	辛味（シニグリン・シナルビン）	肉製品・つけもの・マヨネーズ
とうがらし (Red pepper)	とうがらしの辛味種の果実	辛味（カプサイシン）ビタミンAの効力があるビタミンCが多い	肉製品・つけもの・ソース・ケチャップ
しょうが (Ginger)	しょうがの塊茎	辛味（ジンゲロン・ショウガオール），芳香（ジンゲロール・カンフェン）	各種食品，カレーソース・つけもの
こしょう (Pepper)	こしょうの果実の粉末	辛味（シャビシン）	ケチャップ・ソース
わさび	わさびの根の粉末	辛味（シニグリン）	調理
さんしょう (Japanese pepper)	みかん科，さんしょうの果実	芳香（ジペンテン・サンショール・ゲラニオール）	調理・つけもの
肉桂 (Cinnamon)	樹皮・根	香り（シナミックアルデヒド・オイゲノール）	菓子・肉製品・防腐剤
にんにく (Garlic)	にんにくの根	刺激性香り（アリイン），ビタミンB_1の効力がある	肉製品・つけもの・ソース
月桂葉 (Laurel)	月桂樹の葉	香り（シネオール・オイゲノール）	肉製品・つけもの・ソース
タイム (Thyme)	くちびるばなの葉	香り（チモール・カルバクロール）	肉製品
丁字 (Clove)	ちょうじの花とつばみ	芳香（オイゲノール）	つけもの・ケチャップ・ソース
はっか (Peppermint)	はっかの葉	香り（メントール・ジャスモン）	菓子・調味
肉豆冠 (Nutmeg)	にくずくの種子の仁	香り（オイゲノール・リナロール・カンフェンなど）	ソース・ケチャップ・肉製品
オールスパイス (Allspice)	ピメントの果実	芳香（オイゲノール）	つけもの・肉製品・カレー
こえんどろ (Coriander)	せり科の果実	芳香（リナロール）	カレー・つけもの
しそ (Perilla)	しその葉	色素と芳香	つけもの・菓子
セージ (Sage)	セージの葉	芳香（カンファー・シネオール）	カレー
小豆冠 (Cardamon)	しょうが科の果実	芳香（シネオール・テルピニルアセテート）	菓子

がある。

　香辛料の成分は主として植物に含まれる揮発性の精油および樹脂であり，これらの有効成分だけを取り出して利用するばあいもある。

　一般には，原料植物をそのまま乾燥したり粉状にしたりして使う。香辛料はその着香の度合いにより，芳香性を利用するものと辛味性を利用するものとに分けられる。おもな天然香辛料の種類と用途は表2-22のとおりである。

　香辛料は，これらの天然物を加工して有効成分である香りと辛味成分を抽出して濃厚な液状にしたものが使われているが，これは人工香辛料といわれる。

　(2) **着香料**　香料には天然のものと合成されたものがある。天然香料にはレモン・ジャスミン・バニラなどの植物性のものと，じゃ香など動物性のものとがある。香料は水溶性のもの（エッセンス）と油性のもの（ベース），乳化したもの（クラウディ），粉状のものなどがある。一般に揮発性なので，加熱処理後の食品に添加される。

　合成香料は，天然香料を抽出したり，天然物と類似した香り成分を化学的に合成してつくる。

4. うま味料

　わが国では昔からうま味を出す調味料として，こんぶ・かつおぶし・しいたけ・貝類・雑魚などが使われてきた。これらはそれぞれ特有のうま味成分を含んでおり，それを加水および加熱して溶出させて利用していた。近年，これらのうま味成分の化学構造が明らかにされてきたので，各種のうま味料が化学的に製造されるようになった。現在表2-23のような種類の化学調味料が加工や調理に利用されている。

　うま味料には，このほか天然の動植物や微生物などからうま味成分

§3. 材料の特性と加工用途　49

表 2-23　おもな化学調味料の種類と性状

種類	性状	用途
L．グルタミン酸ナトリウム　(M.S.G.)	白色の結晶性粉末。水溶性で熱・酸に安定である。こんぶのうま味である。	各種の食品の加工に使う。
イノシン酸ナトリウム　(5'-IMP-Na)	白色の結晶または粉末。水溶性で熱や酸に対して安定。MSGと併用すれば効果が増す。かつおぶしや獣肉のうま味である。	酵素によって分解されやすい。各種の食品の調味に使う。
グアニル酸ナトリウム　(5'-GMP-Na)	しいたけの味といわれる。白色の粉末。水溶性で，熱や酸に安定である。	
リボヌクレオタイドナトリウム　(5'-RNT-Na)	総合されたうま味成分をもつ。	
こはく酸ナトリウム	貝類のうま味で，白色の結晶性粉末。酸や熱には安定である。80℃以上の湯に溶かす。	酒や，みそ・しょうゆの調味に使う。

をエキスとして取り出したものがあるが，化学調味料にくらべてうま味が安定しないことや，貯蔵がむずかしいことなどのため，利用上不便である。

5.　酸（酸味料）

酸は，食品に酸味を与える調味料として使うほか，ゼリー化の酸剤や防腐剤として使う。酸味料の種類は多いが，主として，くえん酸・酒石酸・こはく酸・酢酸・氷酢酸・乳酸・フマル酸・dl-りんご酸などが使われる。わが国では天然の酸味料として食酢が昔から使われている。

6.　着色料・発色剤

食品のし好的な価値を高めるため，加工・調理で失われた色を補色するための着色料や，変色を防いだり色をあざやかにしたりするための発色剤がある。

(1)　**着色料**　着色料には，天然色素と合成色素とがある。天然色

素には，有色の自然物を利用するもの（赤色のあずき・しそ，紫色の黒豆皮・ぶどう皮など）と，色素を抽出して利用するもの（青色のインジゴ，黄色のアナットウ・うこん，えんじ色のべになど）とがある。

合成色素は，おもにタール系色素が使われているが，人体に有害なので自家加工では使わない。

(2) **発色剤** 発色剤は食品中の色素と作用して色を固定させたり発色させたりするもので，なすやきゅうりなどの色づけをよくするのに，くぎやみょうばん・食塩などが使われる。

7. 油　　脂

加工材料として使う油脂類には，揚げもの用として，だいず油・なたね油・米ぬか油・ごま油などの植物油のほか，ラード（豚脂）があり，生食や油づけ用としてサラダ油，製菓や製パン用としてショートニングやマーガリン・バターがある。

第3章
農畜産物の腐敗・変質と貯蔵

自家製果実びんづめ

　農畜産物や加工食品を自然の状態で放置すると，やがては腐敗・変質して食用に適さなくなる。腐敗や変質した農畜産物は，有害物質ができたり，成分が変質したりして食品としての価値が低下する。加工の目的の一つは，これらの腐敗・変質の原因を取り除き，食品や農畜産物を保存することであって，長い経験のなかでいろいろな貯蔵の技術が発達してきた。その技術が現在食品製造の技術として利用されている。

§1. 農畜産物の腐敗・変質の原因と貯蔵法

1. 腐敗・変質の原因

(1) **微生物による原因**　農畜産物は，収穫されたとき，すでに土中や大気中の微生物に汚染されたり，自体に病原微生物をもっていたりすることが多い。これらの微生物は，農畜産物の有機物や無機物を栄養源として生育しており，水分や温度などの繁殖条件がよいと急激に増殖する。

　微生物が繁殖すると，農畜産物の成分は，微生物の酵素作用によっ

て分解され，有害な有機酸や揮発性の物質を生成してやがて腐敗する。

　このような現象は，その生成物が人間に有用なばあいは**発酵**とよび，発酵食品の加工に利用される。このばあい，作用する微生物を有用微生物として取り扱い，それらを分離して増殖させて利用する。

　(2)　**酸素や光線による原因**　　大気中の酸素は強い酸化力をもつ。大気にさらされた農畜産物は，たえず酸化作用を受けて変質する。その期間が長いほど変質が激しい。酸化作用は太陽の光線によってさらに促進される。

　酸化により，果実や野菜類では，色素の退色・変色や，香り成分の変化などがおこる。肉類では脂肪の酸敗がおこる。

　(3)　**自己消化による原因**　　農畜産物は，自己消化によって成分が激しく変化し，軟化および変質・腐敗の原因となる。自己消化は一般に高温で促進される。

　(4)　**その他の原因**　　ねずみや昆虫(こんちゅう)の食害も腐敗・変質の原因となるが，直接的には食害にともなう微生物の汚染によることが多い。また，気温の急激な変化による凍結や，異常発酵，農畜産物の代謝作用による物質の変化なども，腐敗・変質の原因となる。

2.　農畜産物の貯蔵法

　農畜産物の貯蔵は，腐敗や変質の原因を除去することによって可能となる。その方法としてはつぎのようなものがある。

1)　微生物の被害から守る。そのためには農畜産物に付着している微生物を除去するか，その繁殖を抑制する。

2)　農畜産物自体の変化を防ぐ。そのためには，農畜産物中に含まれている酵素を不活性にするか，不活性にしないばあいでも，**酵素作用による変化を抑制する。また，酵素作用以外の化学的変化**

を停止させるか，抑制する。
3) 外部からの生物的・物理的被害から守る。1)～2)によって得られた状態を保つため，包装によって外界としゃ断する。

乾燥・殺菌・冷凍・冷蔵・塩蔵・糖蔵・包装などの操作は，以上の貯蔵方法を実現するための技術である。

§2. 貯蔵の技術

1. 殺　　菌

(1) **加熱による殺菌**　微生物は生育適温以上の温度下では，繁殖が抑制され，さらに温度をあげると細胞の原形質が凝固して死滅する。また，原料中の酵素も高温で不活性になる。加熱殺菌は，古くから，かん・びんづめなどの殺菌に使われている方法である。

加熱の温度・時間は，食品の種類や性状によって，また，存在する微生物の種類や数によって異なる。かび類や酵母は加熱で比較的簡単に死滅するが，細菌は胞子の状態では高温に耐える。温度と微生物の生活状態との関係は表 3-1 のとおりである。

加熱は，食品の成分にいろいろ好ましくない変化をおこさせるから，

表 3-1　温度と微生物の生活状態との関係

温　　度（℃）	微 生 物 の 生 活 状 態
0	微生物の生育が停止する。
4.4～15.7	微生物の生育が阻害される。
15.7～37.8	微生物の繁殖にもっとも適する。
40.6	たいていの微生物の生育が停止する。
48.9～71.1	好熱性細菌がよく繁殖する。
65.6～87.8	微生物の細胞が死滅する。
100	長時間の加熱で胞子が死滅する。
121.1	短時間の加熱で胞子が死滅する。

(W. W. CHENOWTH「Food Preservation」1930 による)

必要以上の加熱は避けなければならない。

殺菌の温度や時間・方法は，原料によって異なる。殺菌条件を決める要因はつぎのとおりである。

1) 原料に付着している微生物の種類および数によって殺菌時間・温度が異なる。とくに耐熱性の細菌・胞子が付着していると殺菌しにくい。したがって，原料は水洗いしてできるだけ清潔にすることが必要である。

2) pH が低いほど殺菌温度は低く，時間も短くてすむ。果実は酸を多く含むので 100 °C 以下の温度で殺菌し，野菜は 100 °C 以上で殺菌するのがふつうである。野菜類も酸を加えて pH を下げれば 100 °C 以下で殺菌できる。

3) 糖濃度が高いばあいや，固形物が密につまっているばあいは，熱の伝達がわるいので，それだけ殺菌時間が長くかかる。内容物を動かして対流をおこし，熱の伝達を早めると時間が短くてすむ。また，容器の大きさによって中心までの熱の伝達時間に差があり，容器の大きいものは小さいものより殺菌時間が長くかかる。

(2) **その他の方法による殺菌**　加熱殺菌以外に，保存料の添加，放射線照射などが殺菌の目的でおこなわれている。保存料は人体に有害なものが多い。放射線照射は，じゃがいもなどの貯蔵法として一部で実施されているが，熱による原料の変質がない半面，酵素の不活性化や殺菌にかなりの量の放射線を必要とするため，放射線による品質変化がおこることもある。

2. 乾　　燥

乾燥は，農産物の貯蔵法として，古くからおこなわれてきたもので，乾燥食品は成分が濃厚になり，重量が少なくなるなどの利点がある。

昔からつくられてきた干しがき・かんぴょうなどの乾燥食品は，生のものとはちがった独特の風味がある。この風味は乾燥中に成分が変化して生じたものである。最近は，乾燥技術の進歩によって，原料の成分を変化させずに乾燥・貯蔵し，生鮮農産物と同じような形に水もどしできる乾燥食品がつくられるようになった。

　(1) **乾燥の原理**　常圧下で農産物を乾燥すると，表面から水分が蒸発し，表面と内部との水分密度に差が生じる。このため内部の水分が表面ににじみ出てきてふたたび蒸発する。内部から水分が表面に移動（にじむ）する速度と，表面からの蒸発の速度とが平衡するときに，乾燥能率がもっともよい。蒸発が急激におこなわれて，表面だけがさきに乾燥すると，表面の組織が密になって内部からの水分の浸透がさまたげられ，乾燥がしにくくなる。水分は表面から水蒸気となって蒸発するから，蒸発面積をできるだけひろくすれば，早く乾燥する。

　(2) **乾燥の方法**　乾燥の方法は，自然乾燥（天日乾燥）と人工乾燥に大別される。

　㋐ **自然乾燥法**　自然乾燥は，太陽熱と風を利用する方法で，乾燥が終わるまで時間がかかる。そのため，乾燥中にいろいろな酵素の作用と成分の変化とがすすみ，形・色・味・香りが変化する。また一方，ビタミン類の損失もある。

　乾燥による品質の変化は，乾燥時の温度・時間に関係が深く，温度が高く，時間が長いほど変化が大きい。また乾燥中に，たんぱく質の変性，脂肪の変化，揮発性物質の蒸発がおこる。乾燥品が独特の風味をもつようになるのはこのためである。

　自然乾燥は，むしろ・すのこなどに原料をひろげるか，かきなどのように軒下につるすなどして乾燥させるので経費がかからず，特別の装置を必要としない。しかし，品質のよい均一な製品ができにくい。

(イ) **人工乾燥法**　生のものに近い乾燥食品をつくるためには、できるだけ低温で短期間に乾燥する必要がある。そのため、原料の性状に適した人工乾燥法が考案されている。それを大別すると、加圧乾燥・常圧乾燥・真空乾燥・凍結乾燥などになる。

加圧乾燥は、原料を高圧・高温の条件下におき、急激に常圧にもどしたとき、瞬間的に水分が蒸発する現象を利用したもので、ばくだんあられなどの加工に利用される。

常圧乾燥は、温度・湿度を調整した大気中に原料をおき、水分の拡散と表面蒸発を効率的に繰り返させて乾燥する方法で、熱風乾燥・噴霧乾燥などいろいろの方法がある。

真空乾燥は、減圧・低温下で乾燥させる方法で、熱による成分の変化が少なく、短時間に乾燥できる。

凍結乾燥は、食品をいったん凍らせて真空下で氷を直接水蒸気とし、乾燥させる方法で、微生物による変質や酵素による成分変化がほとんどない。また、ほとんど生の状態で乾燥され、多孔質で表面が硬化せず、水にもどすと復元して生に近いものになる。現在の乾燥食品の多くのものがこの方法によってつくられている。

3. 冷蔵・冷凍

微生物の多くは、温度が低いと繁殖がおさえられる。一般に0°C付近になると増殖がとまり、−10°C以下になるとほとんどの微生物は生育を停止するが、温度が下がっても微生物は完全に死滅しない。また、低温は微生物の繁殖をおさえるだけでなく、青果物の生理作用にも関係する。

(1) **冷蔵**　一般に0°C付近を境にして、それ以上の温度（一般には15°Cくらいまで）で貯蔵することを冷蔵といい、生鮮農畜産

物の貯蔵や，変質しやすい加工食品の貯蔵に利用されている。冷蔵には氷蔵庫や冷蔵庫が使われる。

冷蔵条件としては，温度・湿度が重要である。一般に，果実・野菜は，貯蔵温度によって呼吸・蒸散に大きな影響があらわれる。一般に温度が高くなると，呼吸・蒸散がさかんになり，低くなると衰える。したがって，温度が低いほど貯蔵期間は長くなる。一般には 0 °C 付近で貯蔵することが多いが，凍結温度の付近まで温度を下げると長く貯蔵することができる。

貯蔵にあたっては，その果実・野菜の特性，熟度を考えて適温を決めることがたいせつである。貯蔵適温は，同一品種でも栽培条件や熟度によって差がある。低温障害をおこす温度も，果実・野菜の種類，栽培条件によって差があり，低温にするまえの温度とも関係する。湿度は蒸散に関係が深く，果実・野菜の品質や貯蔵期間に影響する。果実・野菜は，一般に 85～95 ％の湿度がよいとされている。これより湿度が高いと蒸散量が少ないので，乾燥による品質の低下はないが，微生物の繁殖がさかんになる。おもな果実・野菜の冷蔵の最適条件を示すと，表 3-2 のとおりである。貯蔵性と温度・湿度との関係は，あくまでも一定不変のものではなく，種類・品種・熟度・栽培条件などによって異なるから，表 3-2 は一応の標準と考えればよい。

最近は，低温だけでなく，空気の組成をかえて青果物の呼吸をおさえる **環境気体調節貯蔵法（ＣＡ貯蔵）** がりんごや西洋なしの貯蔵に採用されている。ＣＡ貯蔵は，冷蔵する，酸素を減らす，二酸化炭素をふやすという三つの方法を組み合わせて，青果物の呼吸をおさえるものである。りんごのＣＡ貯蔵の好適条件は，温度 0 °C，酸素 3 ％，二酸化炭素 2～3 ％である。

(2) **冷　凍**　　食品を凍結の状態で貯蔵することを冷凍という。冷

表 3-2 おもな果実・野菜の冷蔵条件と貯蔵期間

種　類	凍結温度(氷結点)(℃)	冷蔵条件 温度(℃)	冷蔵条件 湿度(%)	貯蔵期間
果実				
り　ん　ご	-3.1	-1.1～0.0	85～88	早生2～3か月 晩生4～5か月
ぶ　ど　う（米国種）	-2.5	-0.6～0.0	85～90	21～28日
レ　　モ　　ン	-2.2	12.8～14.4	85～90	1～4か月
オ　レ　ン　ジ	-2.2	1.7～2.8	85～90	4～5か月
も　　　　　も	-1.4	-0.1～0.0	80～85	14～28日
西　洋　な　し	-1.9	-1.1～0.0	90～95	2か月
か　　　　　き	-2.0	0.0～1.1	85～80	2か月
野菜				
キャベツ（春まき）	-0.5	0.0	90～95	21～42日
〃　（夏まき）	-0.5	0.0	90～95	3～4か月
き　ゅ　う　り	-1.8	7.2～10.0	85～95	14～21日
な　　　　　す	-0.8	7.2～10.0	85～95	10日
た　ま　ね　ぎ	-1.0	0.0	70～75	6～8か月
じ　ゃ　が　い　も	-1.6	3.3～4.5	85～95	8か月以上
ほ　う　れ　ん　そ　う	-0.8	0.0	90～95	10～14日
ト マ ト（未熟）	-0.9	12.5～21.1	85～95	14～42日
〃　（完熟）	-0.9	10.0	85～90	8～12日
い　　ち　　ご	-1.2	-0.6～0.0	85～90	7～10日

（農林省食糧研究所「食糧第9号」昭和41年などによる）

凍は青果物や畜産物の品質をもっとも安全に保つことのできる貯蔵法であるが，貯蔵温度によって貯蔵期間が異なる。凍結した食品は，-18～-23℃では1年間保存することが可能である。-6℃以上の温度では，風味・香り・色などの品質は急速に低下する。

4. 塩蔵・糖蔵と酸の添加

砂糖や食塩の濃度が高くなると，浸透圧が高まるので，微生物の細胞は脱水され，生育できなくなる。たとえば，ジャムは60～70％の糖を含み，バターは，そのなかの水滴中に食塩が濃厚に溶解していて

微生物の繁殖を防いでいる。

　食塩・糖は濃度が高いほど，微生物の生育をおさえる効果が大きい。耐浸透性の酵母や細菌のなかにはかなり高い濃度でも生育するものがあるが，一般には，糖は50％以上，食塩は20％以上になれば，微生物の繁殖は阻止される。

　酸はそのpHが微生物の繁殖に関係する。同じpHでも，無機酸よりも有機酸のほうが生育をおさえる効果が大きい。つけものは，食塩の防腐効果のほかに，乳酸発酵によって生ずる乳酸がpHを下げて微生物の生育を防いでいる。

5. そ の 他

(1) **包　装**　　包装は，食品を外部の環境としゃ断することによって，① 微生物や昆虫の侵入を防ぐ，酸素・光による変質を防ぐ，② 変形を防ぎ，輸送の取り扱いを容易にする，などの目的でおこなうものである。

(2) **くん煙**　　木材を不完全燃焼させると発生する煙にホルムアルデヒドやフェノール性物質が含まれ，これらが殺菌効果をもつ。この効果を利用して微生物を殺したり，生育をおさえたりする方法をくん煙という。くん煙は，肉加工のさいにおこなうことが多い。くん煙によって独特の風味が出る。

§ 3. かん・びんづめによる貯蔵

かん・びんづめは，脱気・密封・加熱殺菌して酸素・光・微生物の侵入を防止して，食品を貯蔵する方法で，多くの食品加工に利用されている。かん・びんづめ食品の腐敗を防ぐうえで重要な操作は，脱気・密封・殺菌の3工程である。

1. かん・びんづめの一般製造工程

(1) **かん・びんづめの容器**　容器としてふつうに使われているものは，ブリキかんとガラスびんである。かん・びんづめの容器としては，つぎのような条件が必要である。

1) 密封・殺菌が可能であること。
2) 製造時および輸送・貯蔵にさいして，変形したりこわれたりせず，また貯蔵中に，内容物の変質をおこさないこと。
3) 軽量で，価格が安いこと。

(ｱ) **ブリキかん**　ブリキかんは形によって，丸かん・角かん・だ円かんの3種に分けられる。また，かんの内面にラッカーやエナメルなどを塗装したものもある。果実・野菜のかんづめには一般に丸かんが使われる。角かんはアスパラガスのかんづめなどに使われる。

おもなかん型と大きさは表3-3のようである。かんづめには，品名，内容の状態・形態，製造年月日・製造業者名

表3-3　おもなかんづめ用かんの大きさ

かん型	内径	高さ	容積
特殊1号	153.5mm	176.8mm	3,090.5ml
2号	99.1	120.9	872.3
3号	83.5	113.0	572.7
4号	74.1	113.0	454.7
5号	74.1	81.3	318.7
6号	74.1	59.0	223.2
7号	65.4	101.1	318.2
8号	65.4	52.7	152.5

（日本缶詰協会「かんづめハンドブック」昭和41年による）

をふたに刻印することになっている（図 3-1 参照）。

(イ) **ガラスびん**　ガラスびんには細口びんと広口びんとがある。細口びんは，果じゅうなど液体のものに使われ，ふつう王冠で密封する。広口びんはシラップづけ・水煮などのように固形物があるもの，トマトケチャップ・ゼリー・ジャムのように粘度の高いものに使われる。ふたの構造によってアンカーびん・ハネックスびん・マーソンびん・ケーシーびんなどに区別される。びんは，かんにくらべてこわれやすい欠点はあるが，外から内容物が見える利点がある。

図 3-1　かんマーク
注．製造年月日は，いちばん左が西暦年数の最後の数字，つぎが月を示す（ただし，10月はO，11月はY，12月はZで示す）。つぎの二文字が日付けである。

図 3-2　びんづめ用びんの種類
アンカーびん　ハネックスびん　マーソンびん　ケーシーびん

(2) **かん・びんづめの製造工程**　かん・びんづめの製造工程は，図 3-3 のとおりである。

(ア) **原料の調整**　原料は，加工用に栽培したものを使うのがよいが，生食用のものを使うばあいは，熟度など加工に適したものを選ぶ。

原料は不良品を除き，大きさ・熟度などによって選別し，じゅうぶ

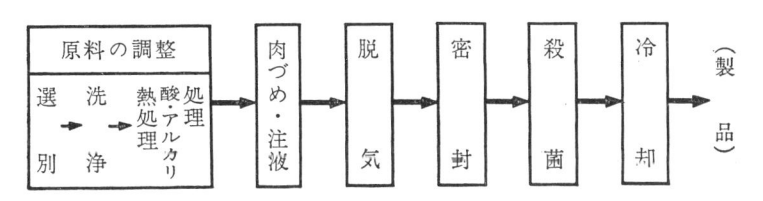

図 3-3　かん・びんづめの製造工程

原料の調整（選別→洗浄→熱処理・酸アルカリ処理）→肉づめ・注液→脱気→密封→殺菌→冷却→（製品）

んに水洗いしてから，高温の湯や蒸気で短時間熱処理をおこなう。熱処理は，① はく皮を容易にする，② 粘質物やろう質物を除く，③ 原料中の空気を排除し酵素を破壊する，などの効果がある。熱処理は，ほとんどの果実・野菜のかん・びんづめの前処理としておこなわれ，原料の種類や使用目的によって温度・処理時間が異なる。

つぎに，必要に応じてはく皮・除核をおこなう。この操作は，おもに機械や手でおこなうが，はく皮は熱や酸・アルカリで処理しておこなうこともある。はく皮・除核したものは水洗いし，さらに一定の形や大きさにそろえ，すぐ容器につめられるように調整する。水洗いは栄養分の流出をともなうから，必要最低限にとどめる。

(イ) **肉づめ・注液** 調整した原料をかんやびんに一定の規格にしたがってつめ，あらかじめ調整しておいた注入液を一定量入れる。かん・びんづめでは，容器の形，内容の種類によって開かん時の内容総量・固形量・注入液糖濃度が規定されている。果実かんづめでは，製品となってから貯蔵中に固形量が減るので，規定量より多くつめる必要がある。内容物の充てんは，冷却したものをつめるばあいと，熱いものをつめるばあいとがあり，後者は殺菌時間が短くてすむので，殺菌に時間がかかる原料を用いるばあいにおこなわれる。

(ウ) **脱　気** 脱気は容器内に含まれている空気を排除するためにおこなう。脱気すると，容器内は減圧され，容器のふたはややへこみ，びんづめではふたがびんに密着する。脱気は，加熱殺菌にさいして，① 内容物の膨張による容器のひずみをなくする，② 密封不良や損傷を少なくする，③ 容器内の空気を排除して，酸素によるかんの腐食や，ビタミンCなど内容物の酸化による変化を少なくする，④ 好気性菌の繁殖を少なくする，などの効果がある。容器の上部空げきが少ないほうが脱気しやすい。

§ 3. かん・びんづめによる貯蔵　63

かんづめの脱気の方法には，常圧下で仮ぶた（仮巻き締め）[1]をして脱気箱に入れ，蒸気によって加熱し，空気の膨張によって脱気する方法と，真空下で機械的に脱気と密封とを同時におこなう方法とがある。

㈡　密　封　かんづめの密封は，二重巻締機によって図3-4のように胴とふたの端が二重に折り曲がり密封される。びんづめもそれぞれ専用の密封機で図3-4のように密封される。密封はかん・びんづめの重要な工程の一つで，容器内への微生物や空気の侵入を防ぎ，食品の腐敗・変質を防ぐのが目

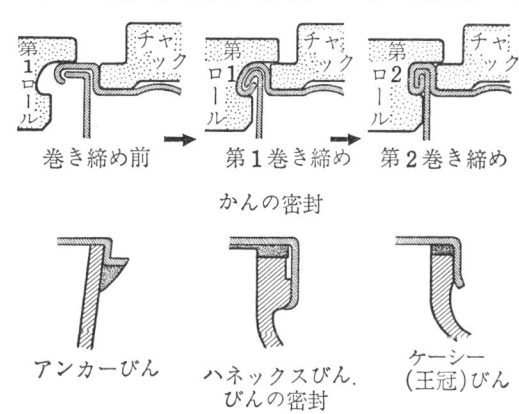

図3-4　かんおよびびんの密封

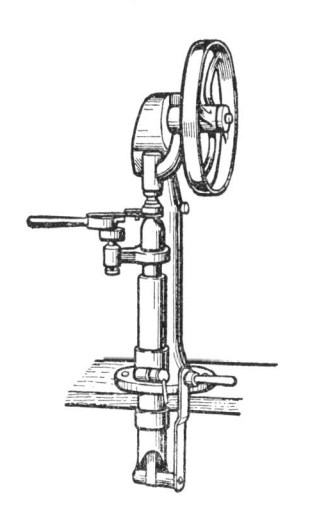

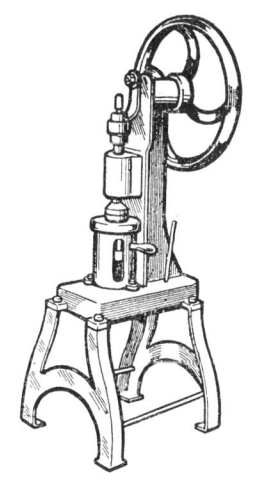

図3-5　ハネックス巻締機

図3-6　アンカー軽便ふた付け機

(1)　かんづめでは巻締機の第1ロールでおこなう。

(オ) 殺　菌　　密封が終わったものは，加熱殺菌をおこなって容器内の有害微生物を死滅させ，貯蔵性をもたせる。殺菌の温度や時間は，内容物の pH と微生物の種類や数，内容物の種類，熱の伝達のちがいなどにより異なる(60ページ参照)。殺菌機にはレトルトなどが使われる。

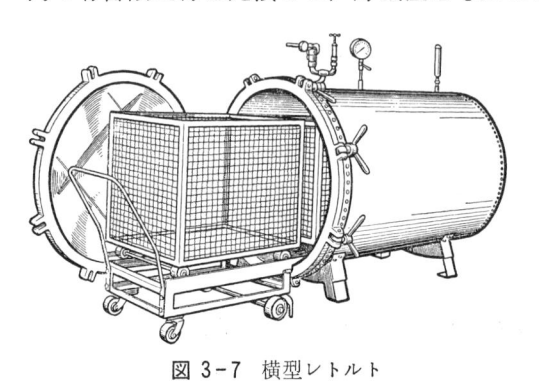

図 3-7　横型レトルト

(カ) 冷　却　　殺菌の終わったものは，内容物の熱による変化を少なくするため，ただちに冷却する。

2. 簡易びんづめ法

家庭でジャム・果じゅう・水煮・シラップづけなどをつくって，長期間保存しておくときは，びんづめ加工が便利である。しかし，密封機や殺菌機などが完備していないことが多いので，つぎのような簡易法によっておこなうとよい。

(1) **びんの洗浄と殺菌**　　びんはよく洗浄し，ふた・びんをかまかなべのなかで約1時間煮沸殺菌する。パッキンはよく洗浄する。殺菌の終わったものは風乾する。

(2) **肉づめと注入**　　加熱した内容物は殺菌の終わった熱いびんにただちにつめ込む。冷たいものは，びんがよく冷えてからつめる。つめ込むばあいは，びんの口から 1〜2 cm の間隔をあける。

(3) **脱　気**　　ふたをゆるく締め，蒸し器などに入れて蒸気を立て，

加熱する。脱気時間は野菜・果実類は 20 〜 40 分，肉や豆類は 60 〜 90 分とする。脱気後はただちにふたをきつく締めて密封する。

　(4) 殺　菌　　熱湯のなかにびんを入れて殺菌する。このばあいのびんの温度とかまの熱湯の温度差は，20 °C 以内とする。殺菌の終わったものは，40 °C くらいまでは空冷して自然に冷えるのを待ち，その後冷水中で冷却する。

　(5) 保　存　　びんづめはなるべく光の当たらない冷暗所に保存する。製品には製造年月日と内容物名を紙に記入しびんにはっておく。家庭用びんづめの保存期間は最高でも 1 か年が限度である。それ以上保存すると内容物が変敗・変色したり，注入液が濁ってきたり，かびが発生したりする。

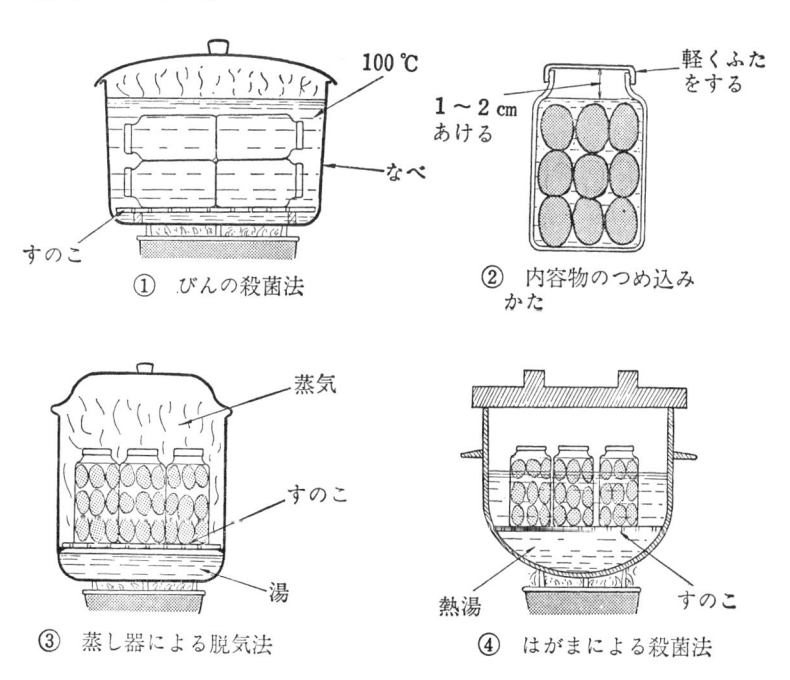

図 3-8　家庭用びんづめのつくりかた

3. かん・びんづめの変質と検査

　かん・びんづめの変質の原因は二つに分けられる。一つは微生物の繁殖と酵素の作用とによって変質するもので，密封・殺菌が不完全なためにおこる。もう一つはかん材と原料中に含まれる酸・色素・ビタミンCなどの成分とが反応して変質するものである。

　かんづめが変質すると，かんが膨張するので肉眼で見分けられるが，外観上は異常がなくても味や香りなどが変質していることがあるから，一定期間後に品質を調べる必要がある。その方法には，開かんして調べる方法（開かん検査），棒でかんのふたをたたき，その音で判別する方法（打検検査），内部の真空度を測定する方法などがある。

第4章
農産物の加工

パン生地の分割と丸め

§1. 発酵食品

1. 発酵と発酵食品

　発酵微生物またはこれが分泌する酵素の作用によって，有機化合物が酸化・還元および分解・合成される現象を発酵といい，この作用を利用した加工食品を一般に発酵食品とよんでいる。

　人間の歴史のなかで，微生物は人間の生活と密接な関係をもってきた。多くの微生物はあるときには食品を腐敗・変敗させて人間に害を与えたが，同時に発酵により農畜産物は変化をおこして消化がよくなったり，香り物質が生成されて風味を増したりすることを教えてくれた。

　この変化をわれわれの祖先は巧みに日常生活のなかに取り入れ，各種の食品を生み出してきた。

　とくにわが国は，気候が温暖でしかも湿度が高く，微生物の繁殖に適していたため，昔からいろいろな農畜産物を用いた発酵食品を発達させ，またその加工技術は伝統食品の製法として受け継がれてきた。

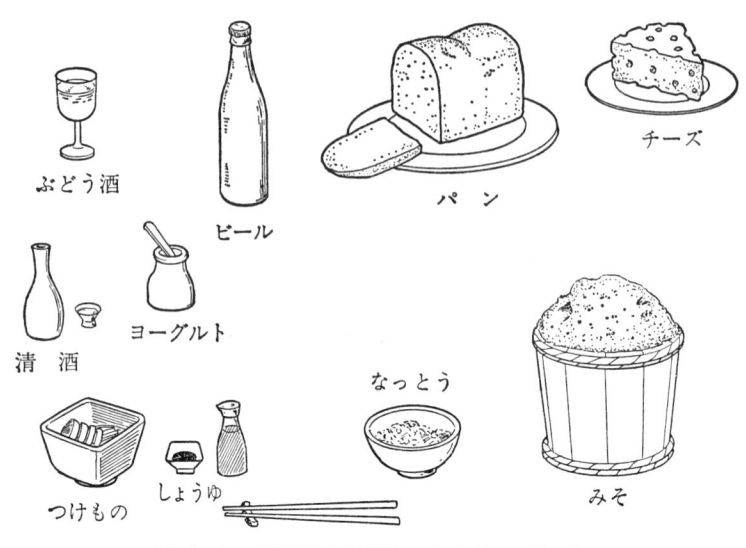

図 4-1 発酵微生物を利用した食品のいろいろ

表 4-1 発酵微生物を利用した食品と微生物の種類

食 品 名	おもな微生物の種類
み そ	こうじかび・酵母・細菌類
し ょ う ゆ	こうじかび・酵母・細菌類
清 酒（日本酒）	清酒酵母・こうじかび
甘 酒	こうじかび
ぶ ど う 酒	ぶどう酒酵母
ビ ー ル	ビール酵母
食 酢	酢酸菌
な っ と う	なっとう菌
つ け も の 類	乳酸菌・酵母類・こうじかび
ヨ ー グ ル ト	乳酸菌
乳 酸 菌 飲 料	乳酸菌
チ ー ズ	乳酸菌・かび類

注. このほかにもパンや菓子・かつおぶしなど，微生物を利用した食品がある。

発酵が微生物のもつ酵素のはたらきであることがわかると，酵素を人為的に抽出して最適の状態ではたらかせる加工技術を発達させた。[1]

われわれの日常の食生活のなかに，数多くの発酵食品が取り入れられていることは図 4-1，表 4-1 によっても理解できよう。

(1) 71ページ「(ウ)酵素の抽出と利用」参照。

2. 発酵に関係する微生物とその性質

(1) **微生物の種類と生理的特徴**　発酵に関係する微生物を大きく分けると，かび類・酵母類・細菌類に分けられる。これらの発酵微生物の生理的な性質をあげると表 4-2 のとおりである。微生物が正常に生育し，目的とするはたらきをするためには，それぞれの種類に適した温度・水分・湿度・pH・酸素などの条件が必要である。

(2) **酵素の種類とはたらき**　発酵微生物によって原料の農畜産物が変化し，発酵作用がすすむのは，微生物のもつ酵素のはたらきによる。

たとえば，こうじかびはアミラーゼ・マルターゼ・インベルターゼなどの糖化酵素のほか，たんぱく質分解酵素のプロテアーゼ，脂肪分解酵素のリパーゼをもち，これらの酵素が原料に作用して，糖や酸類を生成する。

(ア) **酵素の種類と特性**　酵素は，生物体内で生成されるたんぱく質の一種で，生物の栄養代謝にさいして触媒的な作用をする。食品加工に利用されるおもな酵素の種類はつぎのようである。

　a．**アミラーゼ**　でんぷんを加水分解する。分解のしかたによってつぎの 3 種に分けられる。

① α-アミラーゼ——でんぷんを加水分解してデキストリンを生成し，粘度を下げ液化させる。

② β-アミラーゼ——でんぷんやデキストリンを加水分解して麦芽糖をつくる。

③ グルコアミラーゼ——でんぷんから直接ぶどう糖をつくる。

　b．**マルターゼ**　麦芽糖を加水分解して，ぶどう糖をつくる。

　c．**インベルターゼ**　砂糖を加水分解（転化）してぶどう糖と果糖の混合物をつくる。

表 4-2 発酵微生物の生理的な性質の概要

項目\種類	かび類(糸状菌類)	酵母類(出芽菌類)	細菌類(分裂菌類)
栄養細胞の増殖のしかた	菌糸が伸び枝分かれして網状に,ひろがる。	母細胞から娘細胞が出芽してふえる。	細胞の中央に隔壁ができて同型に分裂してふえる。
生殖細胞のふえかた	①菌糸の末端に芽胞子ができるもの。②末端に胞子のうができ,そのなかに内生胞子ができるもの。③菌糸の接合で接合胞子ができるもの。	細胞内に単数または複数の内生胞子ができる。	細胞内に1個の内生胞子ができる。
増殖の速さの比較	お そ い	中 位	速 い
増殖と酸素の要求度	空気が必要である。	空気があったほうがよい。	細菌の種類によって異なる。
増殖と水分の関係	約 20% 以上,固相がよい。	液相がよい。	液相か水分の多い固相がよい。
生育適温の範囲	20～35℃	20～30℃	細菌の種類によってまちまちで 10～50℃の範囲がある。
栄養源として好む天然物の種類	でんぷんなどの炭水化物	糖 類	炭水化物・たんぱく質
生育適度の pH	4～6 (酸性)	5～6.5 (微酸性)	5～7.5 アルカリ性・微酸性・中性などのいろいろな種類がある。
代謝作用の型	加水分解型・酸化型	還元型・酸化還元型	加水分解型・酸化型・還元型・酸化還元型
代謝生産物の種類 炭水化物のばあい	糖・有機酸	アルコール・アルデヒド	アルコール・アルデヒド・ケトン・酸類
代謝生産物の種類 たんぱく質のばあい	ペプチド・アミノ酸	フーゼル油	ペプチド・アミノ酸・アミン
発酵食品に関係のある実用種類名	こうじかび・青かび・くものすかび・毛かびなどで,多くの発酵食品に使われる。こうじかびには変種が多く,食品により異なる。	清酒酵母・ビール酵母・ぶどう酒酵母などがあり,アルコール発酵に使われるほか,パンなどの発酵にも使われる。	酢酸菌・乳酸菌・なっとう菌など種類が多い。

(中野政弘編「発酵食品」昭和42年による)

d．プロテアーゼ　　たんぱく質やポリペプチドをペプチドやアミノ酸に分解する酵素の総称で種類が多い。

　e．リパーゼ　　脂肪を加水分解して，脂肪酸とグリセリンをつくる。

　f．チマーゼ　　糖類からアルコールを生成する酵素の総称で種類が多い。

　g．その他　　このほか，カタラーゼ・ナリンギナーゼ・セルラーゼ・ペクチナーゼ・グルコオキシダーゼなどがある。

　酵素がはたらきかける物質は，酵素の種類によって一定しており，その他の物質には作用しないという特性をもっている。これは他の化学物質などの加水分解とはいちじるしく異なる点である。そのため，不必要な変化やそれによる有害物質の生成などがなく，しかも生成される物質はつねに一定している。

　(イ)　**酵素の作用を左右する条件**　　酵素の作用は主として温度とpHに影響される。酵素の作用適温は平均40°C前後で，一般に30～60°Cのあいだである。低温では作用が弱まり，70°C以上の高温では作用は停止する。加熱によっていったん破壊された酵素は，機能を失う。pHは種類によって異なるが，4～8の範囲内である。また食塩などいろいろの物質によって酵素作用が阻害されたり，促進されたりする。

　(ウ)　**酵素の抽出と利用**　　微生物のもつ酵素を，分離抽出して **酵素剤** として利用することがおこなわれている。酵素剤は生物体の酵素とまったく同じ作用をもち，取り扱いが容易なうえ，無味・無臭である。この特性を生かして，パン・果じゅうなどの食品製造に利用されている。

3. こ う じ

(1) こうじかびと食品への利用　食物を長期間放置すると，かびがはえる。かびのはえた食物は，そのまま放置すると腐敗するが，ある時期には甘味を増したり，うま味が出てきたり，香りがよくなったりする。

中国では昔，米をもち状にしたものにかびがはえた状態を"麴（きく）"とよび，わが国では"かむたち（加牟多知）"または"かびたち"とよんだ。このかびの一種が，現在"こうじかび"とよばれているもので，こうじかびだけを純粋に増殖させたものが"こうじ"である。

こうじかびが食品に利用されたのは，酒造りがはじまりといわれており，わが国でも古代から酒造りがさかんであったことを考えると，そうとう古い時代から，こうじかびが利用されていたことがわかる。

こうじかびを食品に利用する技術は，東南アジアの諸国でひろくおこなわれており，各国で国民の好みに合った食品をつくり出している。わが国でも風土に適したすぐれたこうじをつくり，それを利用した食品がつくられた。そのおもなものは表 4-3 のとおりである。

表 4-3　こうじかびを利用した食品とこうじの種類

用　　途	おもな食品名	こうじの種類
酒類の製造	清酒・しょうちゅう・あわもり	清酒こうじ・しょうちゅうこうじ・あわもりこうじ
みその製造	米みそ・麦みそ・豆みそ・八丁みそ・溜（たまり）みそ	米こうじ・麦こうじ・豆こうじ
しょうゆの製造	普通しょうゆ・淡口（うすくち）しょうゆ	しょうゆこうじ
その他の利用	こうじづけ（米こうじに野菜類や魚介類をつけ込む）・甘酒（米こうじで飯米を糖化したもの）・魚ずし・浜なっとう・かつおぶし	

これらの食品は，わが国で生産される農産物をより効率的に利用し，われわれの好みに合った食品として加工されたものであり，祖先から代々受け継がれてきた日本独特の伝統食品である。その製法や技術は，

食品加工技術が発達し，工業的に大量生産されている今日でも変化していない。

(2) **こうじづくりの条件**　こうじづくりは，目的とするこうじかびを原料に繁殖させ，酵素の作用がじゅうぶんにゆきわたるようにすることである。そのためには，こうじかびが繁殖するのに最適の環境をつくることが必要である。

(ア) **繁殖に適した環境**

a．**原料の処理**　こうじかびの栄養素は，でんぷん・麦芽糖・ぶどう糖などの炭水化物，たんぱく質・ペプトン・アミノ酸などの含窒素化合物，りん・カリウム・マグネシウム・カルシウムなどの無機塩類などである。これらの栄養素の補給源は原料となる米や麦類・だいずなどであるが，乾燥した穀粒のままの状態では，こうじかびの繁殖には適さない。そのため，これらの原料に含まれる栄養素をこうじかびが利用しやすいように処理する必要がある。

すなわち，水分補給のための水浸，および組織の破壊と軟化，蒸煮によるでんぷんの糊化などをおこさせる操作である。

b．**温度と湿度の調節**　繁殖の適温は25～35°Cで，最適温度は33°Cである。40°C以上では生育が衰え，20°C以下では繁殖力がいちじるしく低下する。湿度は飽和状態にならないようにする。

c．**通風の管理**　こうじかびは好気性菌であるから，生育には多量の酸素を必要とする。繁殖がさかんになると，二酸化炭素が発生し，酸素不足の状態になりやすいし，また，呼吸熱のため原料の品温が上昇する。そのため，つねに新鮮な空気を補給する通風管理や，品温を生育適温まで下げる操作が必要である。

d．**繁殖施設と殺菌処理**　品質のよいこうじをつくるには，通風・温度管理のできる**こうじむろ**を用いるのがのぞましい。これらの施設

や設備は，他の微生物の混入を防ぎ，こうじかびを純粋繁殖させる目的で殺菌処理をおこなう。殺菌処理には硫黄によるくん蒸殺菌かホルマリンによる噴霧殺菌をおこなう。

(イ) **種こうじ**　こうじづくりには，そのもととなるこうじかびが必要である。昔はこうじづくりのさい，こうじかびのよく繁殖している部分をとり，保存してこれを"種"として使った。この方法を**友こうじ法**とよび，現在でも一部でおこなわれているが，良質のこうじは期待できない。

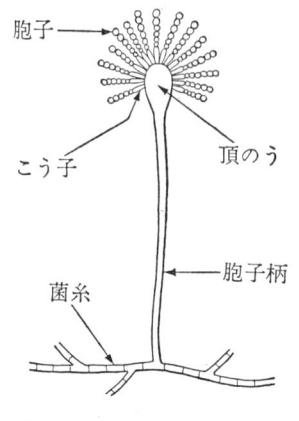

図4-2　繁殖中のこうじかび

良質のこうじをつくるためには，純粋培養したこうじかび，またはその胞子だけを採集したものを使うことが必要で，現在では，これを**種こうじ**として販売している。

種こうじは酒税法により，国の製造免許を受けた者（業者）しか製造することができない。そのためこうじづくりには，信用のある専門の業者から品質のよい種こうじを購入して利用する。

　　種こうじは，原料米を蒸煮し放冷した後，原料米の3～4％容量の木灰を加えて混合し，それに原種こうじかびを加える。約1週間純粋培養した後，胞子がじゅうぶん着生した状態で，水分10％以下に乾燥して製品とする。胞子の部分だけをふるい分けして，微粉末こうじとして製品としたものもある。種こうじは，別名"もやし"ともいう。

(3) こうじづくりの時期と設備・用具

(ア)　**時　期**　こうじかびの繁殖に適した季節は，春と秋である。

しかしこの時期は，ともに農繁期にあたり多忙な時期で，じゅうぶんな管理ができないため，一般に冬につくる。

夏は高温・多湿で，他の微生物が混入するおそれがあるので適さない。工場生産では"自動製麹装置"(1)を使って年じゅう同品質のものがつくられる。

(イ) **設備と用具** こうじむろがあれば，管理や手入れが容易で，品質の均一なこうじがつくれる。これらの設備がないばあいや少量つくるばあいは，土間や納屋などの，乾燥した温度変化の少ない場所に，図4-3のような簡単な**こうじ床**をつくる。

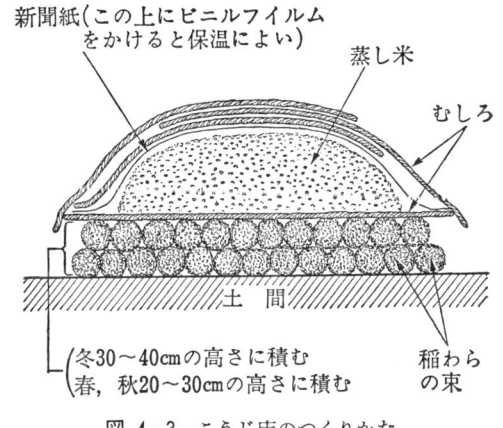

図4-3 こうじ床のつくりかた

用具類は，原料を蒸煮するせいろ，こうじぶた・ざる・むしろ・温度計・おけなどで，ともに清潔なものを使う。

(4) **米こうじ** こうじの製造法は，利用する食品の種類によってちがう。ここでは代表的な米みそ用の米こうじについて述べる（慣行法の自家生産方法）。

(ア) **原 料** 原料米は大粒種の軟質米がよい。精白米を水洗いして，ぬかやごみなどを洗い流した後，水につけて吸水させる。浸せき時間のめやすは表4-4のようである。種こうじは，米みそ用の専用こうじを使う。

---

(1) こうじかびの繁殖条件に合わせて，温度や湿度などを自動的に調節できる装置で，手入れの作業などは省くことができる。

表 4-4 原料米の浸せき時間

水温（℃）	時間(時間)
10 以下	15～24
15	10～12
17～18	6～8
20～23	3～5
23 以上	3

(イ) **つくりかた**

① 浸せきの終わった原料米は，ざるなどに取りあげ水切りする。せいろなどで蒸煮し，蒸気があがってきたら1.0～1.5時間蒸す。蒸し米は，粒を指先でひねって，粒がつぶれてもちのような状態になる程度のものがよい（**ひねりもち**とよぶ）。この状態では米の中心部まで完全に糊化されている。

② 蒸し米をむしろなどの上にひろげ，40℃くらいまで冷やす。これにむしろをかけ，蒸し米全体が平均した温度・湿度になるように，1～2時間おく（**引き込み**という）。その後，ほぐしながら種こうじを平均にふりかけ，手のひらでむしろに押しつけるようにしてもむ。これを**床もみ**といい，種こうじを原料米によく付着させる作業である。

③ 品温が35℃になったら，こうじ床に入れ，温度が下がらないように保温する。

④ 床もみ後10～15時間を経過すると，米粒の表面に白いはん点

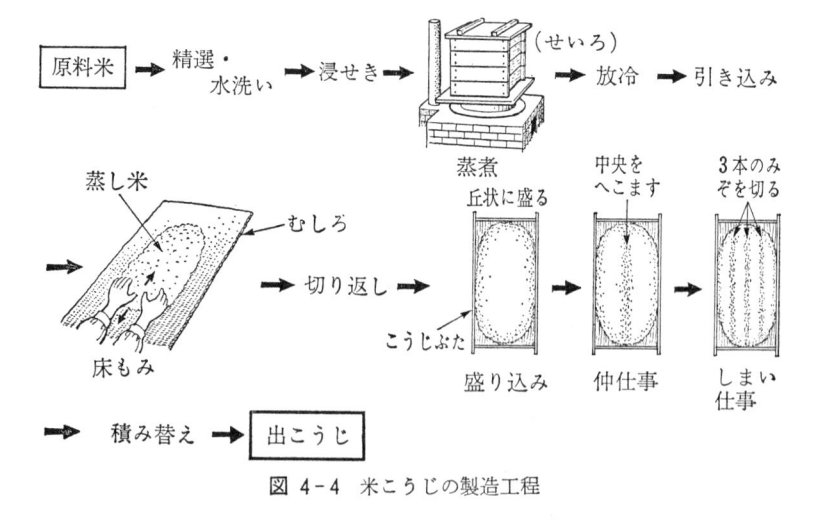

図 4-4 米こうじの製造工程

があらわれ，米粒がたがいにくっつく。この状態でこうじかびの繁殖が認められる。このころ，米粒をよくもみほぐして，品温や湿度が全体に均一になるようにする。これを**切り返し**という。

⑤　切り返し後，約4〜5時間で品温が36〜38°Cとなり，こうじ臭が強くなってくる。このとき全体をよく混合した後，うすめにおしひろげて，ふたたび保温する。こうじぶたを用いたばあいは，同様に盛り分けて保温する。これを**盛り込み**という。

⑥　盛り込み後，約3〜4時間すると品温が37〜38°Cに上昇するので，前回同様よくもみはぐして，発生してこもった二酸化炭素や熱を発散させ，新鮮な空気を補給する。うすめにひろげた後，中央をへこませる。これを**仲仕事**という。

⑦　仲仕事後6〜7時間で，こうじかびは米粒の表面の約60〜70％を覆う状態になる。品温が38〜39°Cと上昇するので，仲仕事と同様によくかき混ぜ，さらにうすくひろげ，2〜3本のみぞをつけて放熱させ，品温を33°C前後まで下げる。これを**しまい仕事**という。

⑧　しまい仕事後，こうじかびの菌糸が伸び，米粒のなかにまではいり込み**はぜ込み**⁽¹⁾の状態となる。品温は上昇しているので，積み替えをおこない，米こうじには手をつけないで放冷して，品温を33〜34°Cまで下げ，さらに保温する。

⑨　しまい仕事後，13〜15時間で黄白色がかった米こうじが仕上がる。このときこうじ床やこうじむろから米こうじを取り出す。これを**出こうじ**という。

こうじ製造の作業経過と温度変化を示すと図4-5のようである。

---

(1) こうじかびが米粒の表面に繁殖し，米粒が光沢を失い鈍い白色になった状態を"はぜる（破精る）"といい，このはぜが米粒のなかまではいり込んだ状態を"はぜ込み"という。

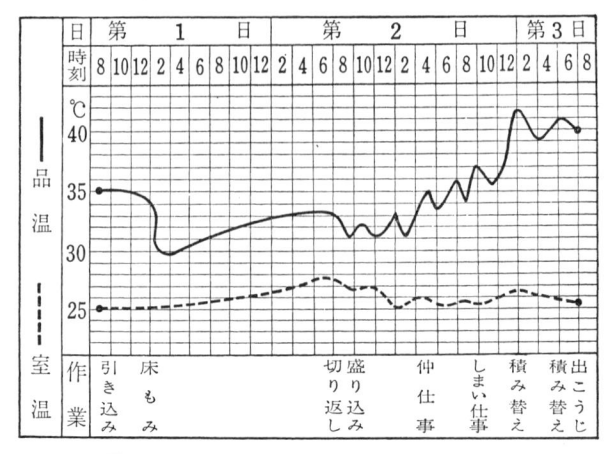

図 4-5 こうじの製造の作業経過と品温の変化

引き込みから出こうじまでの平均所要時間は 45〜48 時間である。

(ウ) **米こうじの保存** 米こうじは，みそなどの製造に必要な用量の食塩と混合しておくと，こうじかびの生育が停止し，酵素の作用もとまるので，出こうじのときと同じ状態で保存することができる。そのため米こうじを保存するときは，食塩と混合する。これを **塩切りこうじ** とよぶ。

(5) **麦こうじ** 麦こうじは原料に精白した大麦や裸麦を使い，種こうじを繁殖させたもので，つくりかたは米こうじのばあいとほとんど同じである。製法上の留意点をあげると，つぎのとおりである。

① 原料麦の浸せき時間は，水温 17〜18 °C で 3〜4 時間とする。

② 蒸煮は，蒸気がじゅうぶんにあがってから 40 分間くらいをめやすとする。麦粒は弾力のある状態がよい。

③ 品温は米こうじより 2〜3 °C 低いほうがよい。

④ 出こうじは，引き込み後約 45 時間とする。

(6) **こうじの品質** こうじの品質はつぎのようなものがよい。

1) 穀粒に菌糸がよく着生しており，適度の水分とふっくらとした

弾力をもっている。

2) かむと淡泊な甘味があり，こうじの香りがある。

3) 黄白色をして，他の雑菌などが繁殖していない。

4) 穀粒の内部まで菌糸がはいり込んでいる。

(7) **甘 酒** 甘酒は，米飯に米こうじを加えて加温し，米のでんぷんを糖化させて甘味を生じさせたものである。糖化にひと晩を要するので"ひと夜酒"ともよばれ，いろいろなつくりかたがある。

やわらかい甘酒のつくりかたの例を示すと，つぎのとおりである。

① 原料米はうるち米でもよいが，もち米を使うと糖化良好で，甘味の強いものができる。こうじの用量は一定していないが，多く使うと糖化が速く甘味も強い。

② 水を米の容量の4～5割増し加え，やわらかくたき，よく蒸らす。米飯を70°Cくらいまで冷ました後，米

表4-5 やわらかい甘酒の配合例

米こうじ(若こうじがよい)	2.0kg
もち米(うるち米でもよい)	1.5kg
水(炊飯に使う)	2.0 l

こうじをよくもみほぐしながら，しゃもじでよく混合する。こねすぎて粘りが出ないように注意する。

③ ジャーやかまなどに入れ，内容物の品温を55～60°Cに保つ。糖化は8～10時間で完了するが，風味を出すため，さらに数時間おいて熟成させる。保温時間はおよそ15～20時間であるが，5～6時間おきにかき混ぜて糖化が平均におこなわれるようにする。

④ できた甘酒は，2～3倍量の湯に溶かして，一度煮沸した後，好みの調味料（しょうがや食塩など）をそえて飲用する。

4. み　そ

　みそは蒸煮しただいずに，米こうじまたは麦こうじ・豆こうじと食塩を混ぜ合わせ，発酵熟成させたもので，日本古来の発酵食品の一つである。

　みそづくりは，農家を中心に手づくりされ，その製造法は代々受け継がれてきたが，日常の食生活のなかでは，米や麦などの穀類食品とともに，重要な栄養の補給源として，また備蓄食料として使われてきた。

　みそは，地域で生産される米や麦・だいずを原料とし，風土や地域の好みに合った製法がくふう・改良されながら，いろいろな種類がつ

表4-6　み　そ　の　種　類

分類のしかた		種　　類	内　　　容
普通みそ	こうじの原料による	米　み　そ 麦　み　そ 豆　み　そ	米こうじを使う。 麦こうじを使う。 豆こうじを使う。
	甘辛の強弱による	甘　み　そ 辛　み　そ 中辛みそ	塩味のうすいみそ。 塩味の強い貯蔵性の高いみそ。 甘みそと辛みその中間のもの。
	色調による	白　み　そ 赤　み　そ 淡色みそ	黄白色で色のあざやかなもの。 赤かっ色で光沢のあるもの。 白みそ・赤みその中間色のもの。
	形状による	粒　み　そ こしみそ	原料だいずを荒つぶししたもの。 みそをみそこし機にかけてつぶしたもの。
なめみそ	醸造したなめみそ	ひしおみそ 経山寺みそ	みその醸造工程で副食となる野菜などを加えて発酵・熟成させたもの。
	加工（混成）したみそ	鉄火みそ たいみそ その他種類が多い	普通みそに食品材料を加えて，加工したみそ。

くられてきた。

しかし現在では，専業のみそ醸造工場で製造され，作業工程は機械化され，大量生産されるようになった。原料も大部分は外国からの輸入でまかなわれている。

(1) **みその種類と特徴**　みそは利用目的によって，**普通みそ**と**なめみそ**に大別されるが，原料や色調・風味などによって，さらに表4-6のように分けられている。みその種類が多いのは，利用目的や原材料の配合割合などをかえて，それぞれの地域に合ったみそづくりがおこなわれたためであるが，一般には地域の名称などをつけた銘柄名でみその種類を分けている（表4-7参照）。

(2) **原材料の配合割合とみその品質**

みその種類や味・香りは，原材料の配合割合と熟成期間によって決まる。同一の系統は地域がちがっていても，だいたい配合割合が共通している。このことは，いろいろなつくりかたが試みられたが結局は日本人の好みに合い，長期保存のできる風味のすぐれた配合割合だけが残ったものであることを示している。

普通みその原材料の配合割合の標準は，表4-7に示すとおりである。

こうじ米（こうじの原料となる白米）重量のだいず重量に対する割合を**こうじ歩合**，食塩重量のこうじ米重量に対する割合を**塩切り歩合**という。一般にこうじ歩合が低く，塩切り歩合が高いほど熟成期間が

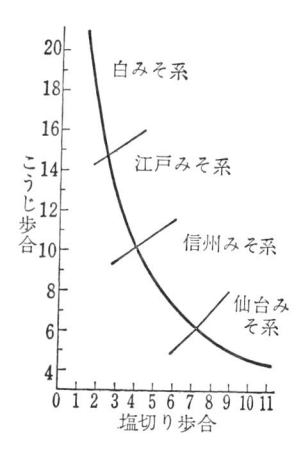

図 4-6　種類別にみた配合割合の分布図
（表 4-2 と同じ資料による）

表 4-7 普通みその配合割合と特徴など

分 類	原材料の配合の容量比	食塩の割合	銘柄による種類名	原料の処理のしかたとみその特徴
白みそ（甘みそ）	だいず10 精米20〜25 食塩3	5〜6%	西京白みそ 府中みそ さぬき白みそ	内地産だいずを使い，煮じるは捨てる。 糖化力の強い若こうじを使う。 仕込みで水あめやみりんを加えることもある。 白色で甘味が強く，貯蔵性は他のみそにくらべて劣る。関西地方の代表的なみそ。
赤みそ（甘みそ）	だいず10 精米11〜13 食塩3〜4	5〜6%	江戸甘みそ 相白みそ	内地産のだいずを使い，蒸煮後留めがま（91ページ参照）する。 赤かっ色で上品な甘味と香りがある。 貯蔵性はない。
赤みそ（辛みそ）	だいず10 精米5〜6 食塩4〜5	13〜14%	仙台みそ 信州みそ 佐渡みそ 津軽みそ	だいずを留めがまする。 発酵・熟成をじゅうぶんにおこなう。 赤かっ色で塩味が強く長期間保存できる。 仙台みそは，米の量が少なく食塩の量が多い。 信州みそはやまぶき色で酸味がある。
麦みそ	だいず10 精麦10〜12 食塩5〜7	12〜13%	別名田舎（いなか）みそ 九州地方 （甘みそ系） 関東地方 （辛みそ系）	大麦・裸麦でこうじをつくる。 濃赤かっ色の辛みそ系統とやまぶき色の甘みそ系統とがある。

長くかかる。そこで，熟成期間の短い白みその系統は，こうじの用量はある程度増減してもよいが，食塩の用量は標準に合わせる。また，熟成期間の長い赤みその系統は，食塩の用量はある程度増減してもよいが，こうじの量は標準配合量に合わせる。

(3) 熟成の原理と醸造法

(ア) **熟成の原理**　みその熟成は，こうじかびと，醸造の過程で混入する酵母や細菌類との酵素作用でおこなわれる。そのため有害微生物の繁殖を防ぎながら酵素作用が円滑におこなわれ，熟成が順調にすすむようにすることが必要である。原料配合や管理のなかで，とくに

食塩の用量と醸造温度の調節などが重要なのはそのためである。

　熟成に関係する微生物の消長や発酵作用は，熟成中の温度・管理方法によって影響を受けるため，その地方の気候や熟成中の管理のしかたによって味や香りに差が生ずる。

　熟成期間中の酵素の作用や成分の変化はきわめて複雑であるが，おもな作用と変化を示すと図 4-7 のようである。

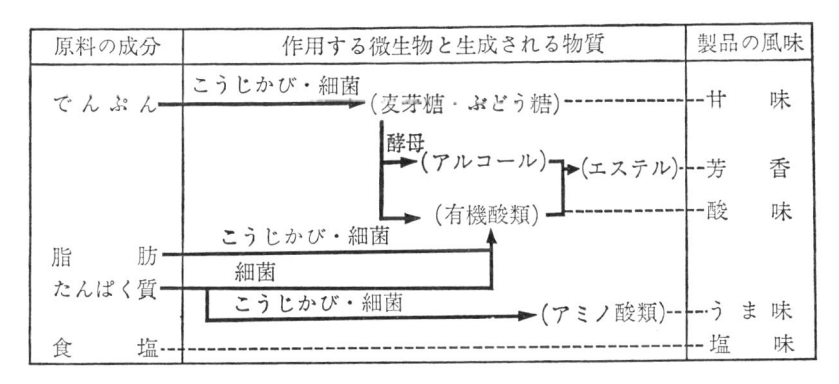

原料の成分	作用する微生物と生成される物質	製品の風味
でんぷん	こうじかび・細菌 → (麦芽糖・ぶどう糖)	甘味
	酵母 → (アルコール) → (エステル)	芳香
	(有機酸類)	酸味
脂肪	こうじかび・細菌	
たんぱく質	細菌	
	こうじかび・細菌 → (アミノ酸類)	うま味
食塩	-------------------	塩味

図 4-7　みその熟成期間中のおもな成分の変化

(イ) **醸造法**　仕込んだ原材料を常温で発酵・熟成させる方法を**天然醸造法**という。この方法はこうじかびや酵母・細菌類の酵素作用が自然の環境のなかでおこなわれるため，熟成期間は長く，熟成も徐々に進行する。これに対して，人為的に温度調節をおこなって酵素作用の最適条件をつくり，熟成期間を短縮する方法を**速醸法**といい，醸造工場ではこの方法によっている。また加温などの操作をおこなうので，温醸法ともよばれている。速醸法では，微生物の消長や酵素作用が短期間に終了するので，風味や香りがじゅうぶんに生成されないから，天然醸造のみそと同一の品質のものはつくれない。

(4) **普通みそ**

(ア) **原材料と配合割合**

a．だいず　　国内産のだいずが最適で，大粒で種皮がうすく，光沢のある実のしまったものがよい。浸せきしたときよく吸水し，やわらかく弾力のあるものがよく，蒸煮した後のだいずの状態で品質の良否が判断される。工場生産では外国産の輸入だいずやその脱脂だいずが使われている。

　b．米こうじ　　みそ用こうじかびは，だいずたんぱく質の分解力の強い酵素をもつものを使う。米こうじは，白みそや淡色みそにはこうじの製造時間の短い若こうじを使い，赤みそにはじゅうぶんにこうじかびが発育した老こうじを使う。

　こうじは塩切りこうじにして使う。

　c．食　塩　　食塩は市販品の精製塩か並塩を使う。

　d．配合割合　　各原材料の配合割合は表 4-7 のとおりである。

(1)　つくりかた　　みその製造工程と加工操作を示すと図 4-8 のようである。

　a．だいずの浸せき　　精選しただいずを水洗いした後，水に浸せきする。浸せき時間は水温により異なるが，平均して 12〜15 時間で，だいずの重量が約 2.2 倍量になったときをめやすとする。

　浸せきの終わっただいずは，ざるなどに取りあげて水切りする。

　b．だいずの蒸煮　　せいろまたは煮かまで約 4〜5 時間蒸煮する。だいずを指ではさんで軽くつぶれる程度がよい。みその色調を整えるため，ひと晩煮ただいずを煮かまのなかに入れたまま放置する（留めがま という）方法や，煮じるを種水として使う方法もある。

　c．混合と仕込み　　蒸煮しただいずは，35 °C まで冷却し，塩切りこうじとよく混合する。混合したものは，うすかみそこし機でよく混ぜ合わせながらつぶす。

　仕込みのときの水分量は 50％ くらいになるようにする。水分が不

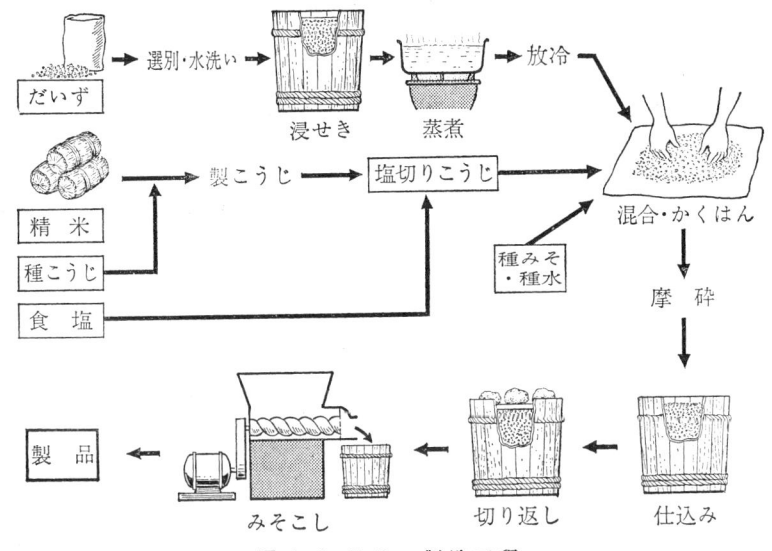

図 4-8 みその製造工程

足するばあいは種水を入れる。熟成を早めるためには，よく熟成したみそを種みそとして仕込み量の 2〜3％量加える。これは，熟成に必要な酵母や細菌類を人為的に混入するのが目的である。

仕込み法は，まず殺菌したたるやおけなどの容器の底に食塩をふり込み，みそつきした原料を，適当な大きさにまるめてみそ玉とし，おさえ込みながらすきまのないようにつめ込む。すきまができると，発酵が平均におこなわれず，品質のわるいみそになる。

d. 熟 成　仕込みが終わったら，図 4-9 のように表面を平らにし，食塩をうすくふり（**表塩**という），その上にビニルフイルムか油紙などを密着させ，

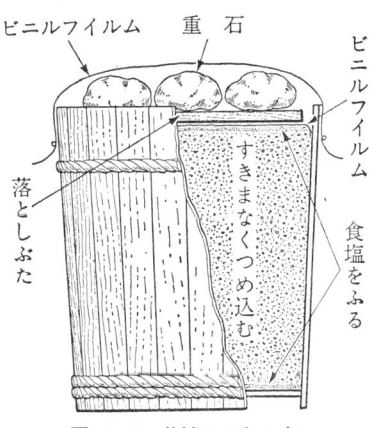

図 4-9 仕込みのしかた

落としぶたをして重石をのせる。重石の重量は仕込み原料重量の20％程度がよい。たるの周囲は紙かビニルフイルムなどで覆い，ごみや虫などがはいらないようにする。仕込んだたるやおけは，清潔で温度変化の少ない納屋などの冷暗所におき，保存・貯蔵する。

　e．**熟成中の管理**　　熟成を平均におこなわせるため，容器のなかのみその上部と下部とを入れかえる（**切り返し作業**という）。1年以上の長期間熟成のばあいは2～3回おこなう。

　f．**熟成期間**　　熟成期間は，原材料の配合割合や品温，こうじの状態によって一定でないが，甘みそ系では3～5か月，辛みそ系では6～12か月である。

　自家製のみそは，夏季を経過することにより熟成がよく進行するので，10～11月ころ仕込みをおこない，1年越して6～8月ころ熟成を完了させるのが標準的なつくりかたである。

　g．**仕上げとみその品質**　　熟成したみそは一般にはみそこし機にか

表4-8　加工なめみそのつくりかた

種類	原材料と配合量		つ　く　り　か　た
鉄火みそ	みそ だいず 砂糖 ごま油 にんじん ごぼう しょうゆ その他化学調味料	400 g 80 g 250 g 60 mℓ 80 g 150 g 40 mℓ	① だいずを焦がさないよう炒り，熱いうちにしょうゆのなかに入れ，そのまま浸す。 ② 野菜類は小さく切り，あく抜きして水切りしておく。 ③ みそはよくすりつぶす。 ④ ごま油で野菜類をいため，そのなかにだいずを入れ，よく煮たてる。 ⑤ 煮たったらみそを入れ，砂糖・化学調味料を入れ，とろ火で練りあげる。
鶏みそ	鶏肉 みそ 砂糖 食用油 しょうが	200 g 500 g 200 g 30 mℓ 30 g	① 鶏肉は脂肪やすじ・皮を除き，肉だけをみじん切りにして油でいためておく。 ② しょうがは皮をとり，おろし金ですりおろす。 ③ すりみそにして裏ごしにかけ，なべのなかでいためた鶏肉とみそをよく混ぜ，弱火にかける。 ④ 砂糖と少量の水を加え，水分がなくなるまで練りあげる。 ⑤ 最後にしょうがを入れ，光沢が出るまで練る。

けて，つぶしみその状態で製品にする。

市販のみそにはビタミンA，B_1，B_2や炭酸カルシウムなどを添加し栄養強化されたものがある。

みその品質はそれぞれの種類の特徴をもち，色沢・風味がよく，かび臭や，酸味のあるものはよくない。

なお，風味や香りのないものや，塩味を強く感じるものは，熟成がふじゅうぶんなものである。

(5) **なめみそ**　なめみそのうち，加工（混成）なめみそのつくりかたの一例を示すと表4-8のようである。加工なめみそは，普通みそにいろいろな食品材料を混ぜ合わせ，砂糖やみりんなどで調味した調理みそで副食品として使う。

5.　しょうゆ

しょうゆは調味料としてわれわれの日常の食生活にはなくてはならないものである。

いまから700年前，中国から"経山寺みそ"の製法が伝来し，その醸造法から液状の部分だけを分離する方法が発明され，それがしょうゆになったといわれる。

このように古い歴史をもつしょうゆは，みそと同様に農家を中心につくられてきたが，つくるのに日数がかかること，手入れや仕上げの工程で手間がかかることなどから，しょうゆづくりは専業化され，現在ではそのほとんどが工場で生産されている。

製造法でも，原料を効率的に利用する技術の進歩がめざましく，工業的に標準化された工程で，品質のそろったしょうゆが生産されるようになった。

(1) **しょうゆの種類と特徴**　しょうゆは種類が少なく，しかも生

産地が一定の地域にまとまっているのが特徴である（表4-9）。これは原料入手の難易と，しょうゆ醸造の適否とが気候・風土に影響されるためである。

(ア) **醸造しょうゆ**　これはだいずと小麦を原料としたしょうゆこうじを，塩水に混入して仕込み，こうじかびや，醸造中に混入する酵母・細菌類の酵素のはたらきで発酵・熟成させた後，生成された成分を塩水のなかに溶出させ，圧搾・調整したものである。醸造に約1か年かかる。

(イ) **化学しょうゆ**　化学しょうゆは，醸造しょうゆの製造工程の一部，または全部を省略して化学的な操作でつくるしょうゆで，醸造しょうゆと類似の色・味と香りをもつ。化学しょうゆは**アミノ酸しょうゆ**ともよばれ，脱脂だいず・魚かすなどのたんぱく質原料に塩酸を加え

表4-9　しょうゆの種類と特徴

種類名	おもな産地	おもな特徴
濃口しょうゆ（普通しょうゆ）	関東地方	煮物や付けしょうゆとして一般に使われるもので，香りがあり味もよい。
淡口しょうゆ	兵庫県竜野市　関西地方	色が淡く，さらっとした感じで，味つけに使う。塩分が高いため米こうじを補い，甘味をつける。
溜しょうゆ	愛知・岐阜・三重県	だいずを主原料としてこうじをつくる。香りは少ないが，粘度が高く，濃厚な味がする。刺身しょうゆや米菓・つくだ煮に使われる。
その他のしょうゆ		甘露しょうゆ―山口・広島・島根県などで生産される。濃口しょうゆにくらべて色・味が濃厚で香りもよい。
		白しょうゆ―名古屋地方の特産。色は淡口しょうゆより淡く，こうじ臭の強い甘いしょうゆ。雑煮などに使われる。
		魚しょうゆ―魚やいか・貝類を原料としてつくったもので，秋田県地方の"しょっつる"や四国の"いかなご"などがある。

て熱し,加水分解をおこさせてソーダ灰(Na_2CO_3)で中和し,アミノ酸塩と塩の混合溶液を得る。これに調味材料などを加えて調整したもので,濃厚なうま味と塩味があり,しょうゆのような色沢がある。しょうゆの増量剤・増味剤のほか,食品加工の調味料として利用される。

また,醸造しょうゆと化学しょうゆの長所をとり,二つの製造工程を組み合わせて,しょうゆとほぼ同じような品質のものをつくる製造法がある。これを **新式しょうゆ** とよぶ。

(2) **醸造しょうゆのつくりかた**

(ア) **熟成の原理**　熟成中におこる変化は,みそのばあいと比較すると,はるかに激しいものである。仕込み後数か月たつと,原料中の炭水化物がアミラーゼ・マルターゼなどの作用で糖化され,またたんぱく質はプロテアーゼや細菌の作用で分解され,ペプトン・ペプチドを経てアミノ酸となる。これらが甘味やうま味の主成分となる。つづいて発酵がさかんになってくると,糖はアルコール発酵に使われるが,たんぱく質の分解はゆるやかになってくる。

脂肪は,リパーゼの作用で脂肪酸とグリセリンに分解される。脂肪酸はしょうゆ油となって表面に分離してくるが,これは酵母の繁殖や発酵作用の害となる。脱脂だいずを原料に使うと,このような状態はおこらない。

糖分やたんぱく質の一部は,各種の細菌類の酸発酵によりいろいろな有機酸になり,しょうゆに特有の酸味を与える。このようにして生じた各種の物質が合成機能をもつ酵素の作用でふたたび合成され,複雑な成分ができる。たとえば,脂肪酸はアルコールと結合してエステル類をつくり,香り成分となるほか,糖類とアミノ酸によってメラニン色素を生成する。

(イ) **原材料の配合割合**　原材料の配合割合は塩水に対する他の原材

表 4-10 標準的な原材料の配合例（容積比）

種類＼原材料	だいず	小麦	食塩	汲水	標準的な食塩水濃度
十水仕込み	100	100	100	200	水1 l に対して250～260 g の食塩を溶かすとよい。
十一水仕込み	100	100	110	220	
十二水仕込み	100	100	120	240	

表 4-11 56 l 入りのたる1本分の仕込み量

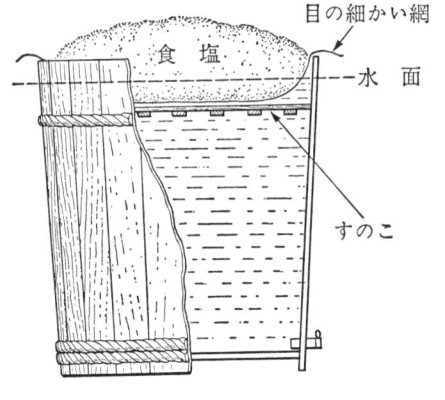

原材料	容量(比)	備考
だいず	13 kg (100)	だいず 1 l = 720 g，小麦 1 l = 750 g として換算。
小麦	13 kg (100)	
食塩	10～11 kg (85～90)	
水	40 l (300)	

図 4-10 食塩水のつくりかた

料の割合で示されるが，標準的な配合例を示すと表4-10のとおりである。十水仕込みは熟成期間が長くなるので，十一水仕込みが多い。また，表4-11には56 l 入りたる1本分の仕込み量と配合割合を示した。

だいずは，国内産の丸だいずを使う。脱脂だいずを使うばあいは，重量で丸だいずのばあいの70～80％量とする。小麦は国内産の中間質小麦を使う。丸小麦のほか醬麦を使うこともある。

食塩は並塩を使用する。食塩を一度に水のなかに入れると溶けにくく，沈殿するので，溶解性を高め，食塩を節約するため図4-10のような方法で，用量の水に自然溶解させ，食塩水（**汲水**という）として仕込みに用いる。水は飲用水を用いる。

(ウ) **しょうゆこうじ**　しょうゆ用の種こうじを用いる。つくりかたはみそのばあいとほとんど同様であるが，異なる点は，こうじづくりの時間が長いこと，たんぱく質含量の多い原料を使うため，こうじが

変質しやすいので品温を低めにすることなどである。

　a．**だいずの蒸煮**　　精選しただいずを水洗いした後，水に浸せきする。浸せきは，だいずが吸水して重量で2.1倍，容量で2.2倍くらいになった状態がよい。

　蒸すばあいは，こしきなどで5〜6時間じゅうぶんに蒸気を通し，その後約12時間放置する。湯煮のばあいは，浸せきしないでそのままだいずの容量の2倍量の水を入れ，6時間くらい煮たてた後，約12時間留めがまする。

　b．**小麦の処理**　　小麦は精選した後，鉄製なべやほうろくなどで焦がさないようにきつね色に炒りあげる。小麦を炒るのは，殺菌と水分の調節のためである。炒った小麦は，冷却してから四〜五つ割りに砕き，ふるいで大粒・中粒・粉状にふるい分ける。粉末状のものは種こうじと混合しておく。

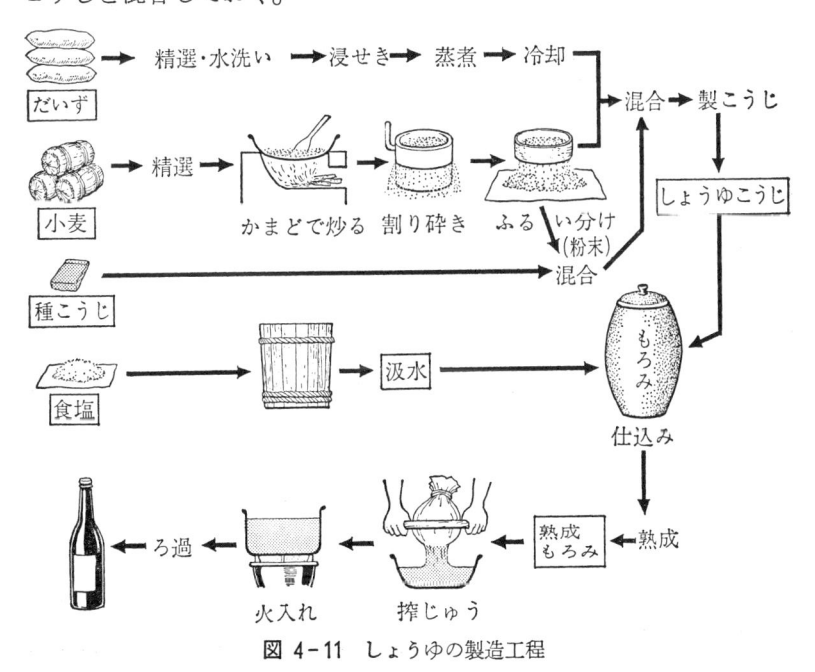

図 4-11　しょうゆの製造工程

c．こうじづくり　　種こうじの使用量は，だいずと小麦の合計量（元石という）の1～2％量とする。

蒸煮しただいずが40°Cまで冷えたら，ふるい分けした大・中粒の小麦とよく混ぜ合わせ，その後種こうじを散布して均等に混合する。

混合したものは，こうじぶたなどに盛り込み保温する。

こうじむろを使用したばあいは28～30°Cに保つ。こうじかびの発育とともに品温が上昇するので，こうじぶたの積み替えや手入れをおこない，品温を下げる。3昼夜たった4日めに出こうじとする。

しょうゆこうじは，胞子が黄緑色を呈し，こうじ特有の香りをもつものがよい。工業的には，こうじかびを液体培養した液体こうじを利用している。

(エ)　仕込み　　あらかじめ調整した食塩水を，たる・おけ・かめなどに入れ，しょうゆこうじをよくもみほぐしながら入れてよく混合する。

混合がふじゅうぶんだと熟成がよくおこなわれない。仕込みが終わったらふたをして，ビニルフィルムなどで覆っておく。仕込んだ原料を**もろみ**という。

(オ)　**かい入れ**　　熟成を順調に進行させるため，かい入れ作業をおこなう。かい入れは，もろみをかくはんし，二酸化炭素を除き，酸素を供給する操作で，嫌気性菌の繁殖を防ぐことができるので，発酵が促進される。かい入れは図

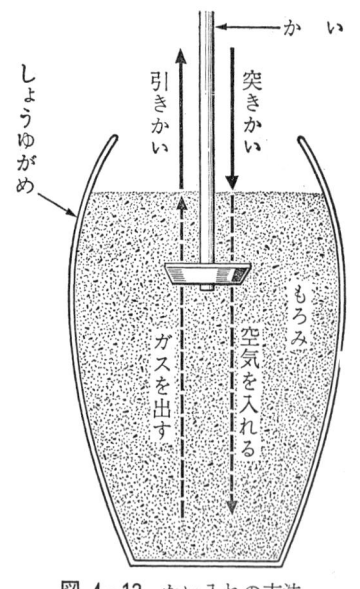

図4-12　かい入れの方法

4-12のように、かいを勢いよくもろみのなかに突き入れ（**突きかい**という）、下まで突いたらゆるやかに引きあげる（**引きかい**という）。これを数回繰り返す。工業的には圧縮した空気をもろみのなかに吹き込みかくはんする。

かい入れの回数は、はじめは回数を多くし、熟成がすすむにつれて回数を減らす。また、表4-12のように、季節によっても回数をかえる。熟成期間の1年めは香り、2年めは味、3年めは色といわ

表 4-12 かい入れの回数

月 別	回 数
1～3月	2～3日に1～2回
4～6月	毎日1回
7～9月	毎日2回
10～12月	毎日1回

れ、熟成期間を長くすればこくのある製品がつくれる。

熟成が完了すると、たるの表面に透明な液が出てきて、もろみが沈殿するので、このころ仕上げ工程に移る。

(カ) **仕上げと調整**　熟成の終わったもろみは、麻製など目の細かいこし袋のなかに入れ、押し板などでおして搾じゅうする。圧搾機で圧搾するばあいは、はじめはあまり圧力をかけずに、自然に流出するような状態で搾じゅうする。

圧搾して得たしょうゆを**生じょうゆ**（**一番じょうゆ**）とよぶが、液じゅうは濁っており、香りも少なく、このままでは変質しやすいので、加熱する。

加熱（**火入れとよぶ**）は、かまやなべで60～70°Cまで徐々におこない、その後別の容器に移す。加熱によって香りや色沢がよくなり、同時に殺菌と酵素の不活性化によって貯蔵性が高まる。また液中の濁りも沈殿し除去できる。

生じょうゆのしぼりかすは、同量の湯（60°Cくらい）を加えて1～2日間おいた後、ふたたび搾じゅうする。これを**二番じょうゆ**とよび、加熱は90°Cで約30分間おこなう。

調味料として，加熱前に砂糖やみりんなどを加えるばあいもある。できた製品は殺菌したびんやたるなどに入れ密封して保存する。

だいず10kgから約70 l のしょうゆができる。食塩の濃度は平均して約18%である。

㈮ **品　質**　　しょうゆは，それぞれの種類特有の色調と香りがあり，濁りや沈殿物がなく，塩味も適当で液体に光沢のあるものがよい。

6. 酒　　　類

酒類は，果実類や穀類を原料としてアルコール発酵させてつくったエチルアルコールを含む飲料で，わが国では酒税法で「アルコール分1度以上を含む飲料」を酒類と定義している。[1]

世界各地で醸造される酒類は，その国の風土や原料の生産，国民の好みなどにより，その国に適した醸造方法でつくられ，生産国の特産品となっているものが多い。

(1) **酒類の種類**　　酒類の種類は多く，製造方式や原料のちがいなどによって分類される（表4-13参照）。

表4-13　製造方式による酒類の分類とその種類

発酵法による醸造酒	単発酵式 …………… 果実酒類
	複発酵式 ┌ 単行発酵式 …… ビール
	└ 併行発酵式 …… 清　酒
蒸留法による蒸留酒	ウイスキー・スピリッツ類・しょうちゅう・ブランデー
混成法による混成酒	リキュール類・みりん・雑酒

---

[1] アルコール分は15℃において，原容量100分中に含有されるエチルアルコールの容量をいう。

(2) **製造の原理** 酒類に含まれるエチルアルコールは，酵母のアルコール発酵で生成されるものである。したがって果実類など比較的糖分を多く含む原料は，そのままアルコール発酵をおこなわせることができるが，穀類などのようにでんぷんを多く含むものを原料とするばあいは，まずでんぷんをこうじかびなどで糖化し，生成された糖をアルコール発酵させる。

(ア) **糖化** 清酒のばあいはこうじかびを，ビール・ウイスキー類のばあいは麦芽を使って，アミラーゼによる酵素糖化をおこなう。

(イ) **アルコール発酵** 糖化によって生成される糖や，原料に含まれる糖は，酵母のアルコール発酵作用によってエチルアルコールになる。この関係を化学式で示すとつぎのようである。

$$\underset{\text{こうじ・麦芽によるアミラーゼ発酵}}{\underset{\text{でんぷん類}}{(C_6H_{10}O_5)n}} \longrightarrow \underset{\text{各種のアルコール酵母のチマーゼ発酵}}{\underset{\text{ぶどう糖}}{C_6H_{12}O_6}} \longrightarrow \underset{\text{エチルアルコール}}{2C_2H_5OH} + 2CO_2$$

酵母はそれぞれの酒の種類に適したものが使われている。清酒酵母はサッカロミセス サケ，ビール酵母はサッカロミセス カールスベルゲンシス，ぶどう酒酵母はサッカロミセス エレプソイディスなどである。酵母はアルコール発酵に関与するチマーゼのほかに，インベルターゼやその他多くの酵素を分泌し，これらがアルコール発酵中にもいろいろな物質を生成して，酒類の風味に影響を与えている。

(3) **清酒** 清酒は，蒸した精米に酒こうじを加えて水と混合し，でんぷんの糖化をおこないながら，同時にあらかじめ醸成した清酒酵母を加えて，アルコール発酵もおこなわせる併行発酵方式でつくられる。

清酒の醸造工程のあらましは，図4-13のとおりである。

まず，酒こうじ・蒸し米・水を一定の割合で混ぜ，これに純粋培養

図 4-13 清酒の醸造工程のあらまし

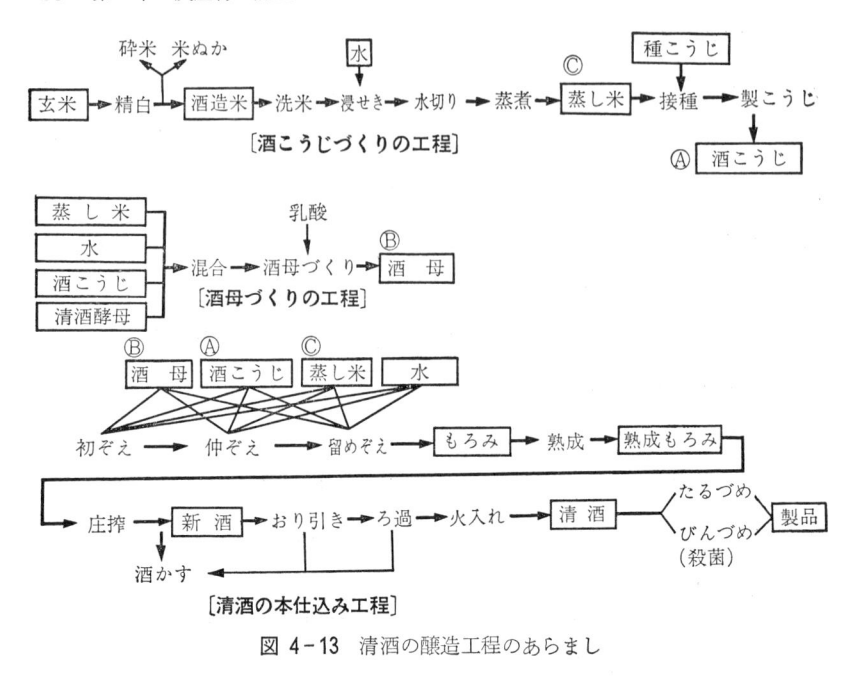

した清酒酵母を加える。さらに乳酸を添加して有害菌の繁殖をおさえながら酵母を繁殖させて酒母（もと という）をつくる。つぎにこの酒母に，酒こうじ・蒸し米・水を3回に分けて加え（初ぞえ・仲ぞえ・留めぞえ という），もろみをつくり熟成させる。熟成期間は冬季で約3週間である。熟成の終わったもろみは圧搾・ろ過し，新酒と酒かすに分ける。新酒はさらにおり引き(1)・ろ過をおこなった後，加熱殺菌（火入れ）し，酵素の作用を止めて製品とする。

(4) **ぶどう酒** ぶどう酒はぶどうの果実を原料として醸造した果実酒で，その種類は多く，色調により赤ぶどう酒と白ぶどう酒に分けられる。赤ぶどう酒は黒色ぶどうを原料とし，製造過程で果皮に含まれるアントシアン系色素を液中に溶出させたものである。白ぶどう酒

---

(1) ろ過液を放置し，懸濁物を沈殿させて取り除くことをいう。

は緑色ぶどうを原料とし果皮を除去してつくる。また甘味度により残存糖分が1％以下のものを生ぶどう酒，ぶどう酒中に糖分を含み甘味のあるものを甘味ぶどう酒という。

　原料ぶどうは糖分の多い，完熟した香りの高いものが使われ，品種としては欧州種が適する。わが国では気候の関係で，欧州種の栽培がむずかしいので，米国種などの加工に適した品種が使われる。

　ぶどう酒の醸造は，清酒の醸造と異なり，でんぷんを糖化する工程は必要でない。ぶどうの果皮には野生の酵母が付着しているので，そのままでも自然発酵させることができるが，果皮には有害菌や産膜酵母なども付着しているので，これが繁殖して品質のわるいものとなる。そのため，純粋培養した酵母を果じゅうに培養して酒母をつくり，これを使って発酵をおこなわせる。

　主発酵の期間は温度によって異なり，15°Cで3～4週間，30°C前後で4～5日間である。つぎに種子や果皮などを分離するが，まだ糖分が残っているので，密閉容器中で二酸化炭素が出なくなるまで後発酵させる。白ぶどう酒でははじめから密閉容器中で発酵させる。

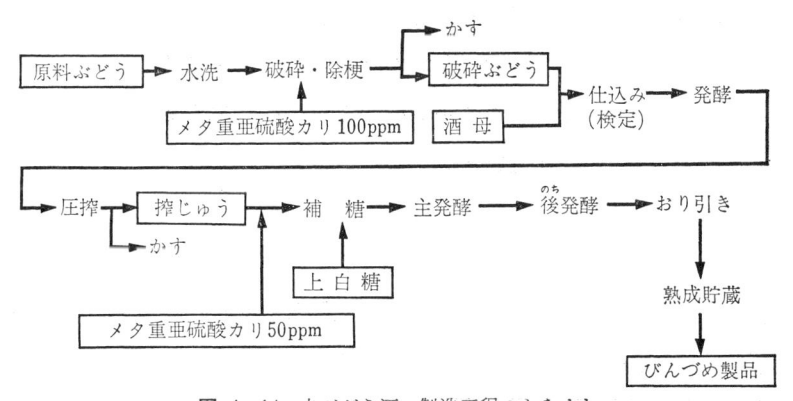

図 4-14　赤ぶどう酒の製造工程のあらまし

注．　メタ重亜硫酸カリは，果じゅう中の酸素によるかっ変や雑菌による発酵の不安定化を防止する目的で使用する。

発酵の終わった果じゅうは，たるやびんにつめて熟成させる。熟成期間は早いもので2～3か月間であるが，良質のものは30～40年間かけている。熟成期間中に独特の風味や香りが生ずる。

(5) **ビール** ビールは，ビール麦とよばれる大麦の一種（2条種のゴールデンメロンなど）と，ホップ(1)・水を主原料とし，その他穀類やでんぷんなどを加えてつくる。

ビールの製造のあらましはつぎのとおりである。まず，短麦芽（179ページ参照）を焙燥(ばいそう)して麦芽の青臭みをとり，特有の香りと色をつける。つぎに粉砕した麦芽にでんぷん質原料（米など）と水を加えて糖化させ，ろ過して麦じゅうをとる。

さらに麦じゅうにホップを加えて加熱した後，ホップかすを除いて冷却し，培養した酵母（わが国では発酵がすすむにつれて発酵そうの底へ沈んでいく下面酵母が使われる）を加えて最高8～10°Cで発酵（主発酵）させる。主発酵の終わったものは貯蔵タンクに移し，低温（0～1°C）で数か月間熟成（後発酵）させた後，ろ過・殺菌して製品とする。

生ビールは，ろ過直後のろ液をそのままたるやびんにつめたものである。ふつうのビールは殺菌をおこなった後，びんづめしたものである。現在では特殊なフィルターを使用したろ過法によって滅菌操作をおこなう方法がとられている。

(6) **その他の酒類**

(ア) **ウイスキー** ウイスキーは，麦芽・水・酵母でビールとほとんど同じ製造法でつくられるが，製造上異なる点は，麦芽をピート（草炭）でくん煙し乾燥することと，発酵液を蒸留装置（ポットスチ

---

(1) ホップはクワ科のつる性植物で，その雌花を乾燥したものを使う。ホップにはルプリンという黄色粉末や，油・樹脂・タンニンなどの成分が含まれる。これらがビールに香りと苦味を与える。

ール）で蒸留し，アルコール分を 60～65 %にすることである。蒸留して得られた原酒は，かしのたるにつめて貯蔵し，数年間熟成させて製品とする。原料のちがいによりモルトウイスキーとグレンウイスキーに分けられる。

　(ｲ)　**ブランデー**　　ブランデーはぶどうを原料として発酵させ，発酵液を蒸留してアルコール度を高めたもので，製法はウイスキーとほとんど同様である。ブランデーにはりんご（アップルブランデー）やおうとう（チェリーブランデー）など，ぶどう以外の果実を使ってつくったものもある。

　(ｳ)　**リキュール類**　　これは，蒸留酒に果実類や植物の茎葉などを加え，香り成分や色素などを溶出させて，長期間貯蔵・熟成し，独特の風味をもたせた酒類である。

　わが国の梅酒もリキュールの一種である。

§2. 豆類の加工

1. とうふとその加工品

とうふは，浸せきしただいずをすり砕き，これを煮沸した後，圧搾して可溶性の成分を豆乳の状態で採取し，これに凝固剤を加え，凝固成型したものである。

とうふは，穀粒のままでは消化のわるいだいずの成分を，豆乳の状態で取り出して製造するので，消化もよく栄養価の高い食品である。とうふはつくりかたが比較的簡単なことから手づくりされ，昔から日本人に親しまれた食品である。

(1) **種類と二次加工品**　とうふはつくりかたによって，普通どうふ（もめんどうふ）・きぬごしどうふなどに分けられる。また，とうふをもとにした二次加工品として，凍りどうふ・油あげ・焼きどうふ・がんもどきがあり，また豆乳からゆば（油皮）がつくられる（表4－14参照）。

(2) **製造の原理と凝固剤**　だいずに含まれるたんぱく質は，おもにグロブリンの一種であるグリシニンからできている。グリシニンは塩類を含む溶液に溶出する性質がある。だいずには比較的多くの可溶性無機塩類を含んでいるので，だいずをすり砕くと成分のグリシニンの一部は溶出する。さらに加熱処理によって可溶性無機塩類の溶出はより完全となり，だいずのグリシニンも完全に溶解する。このようにして，だいずに含まれるたんぱく質を溶出させ，これをたんぱく凝固剤によって凝固させる操作がとうふづくりの原理である。

従来凝固剤としては**にがり**（塩化マグネシウム $MgCl_2$ 濃厚液）が使用されていたが，凝固にかなりの技術が必要なこと，水さらしして，にがり成分を除かなければならないことなどから，現在は硫酸カルシ

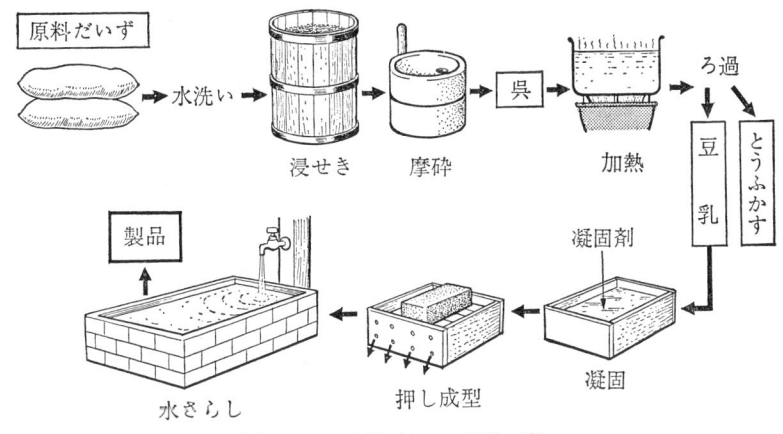

図 4-15 普通どうふの製造工程

ウム（$CaSO_4 \cdot 2H_2O$，すまし粉ともいう）がひろく使われている。

硫酸カルシウムは，たんぱく質の凝固力が強く，保水力もある。できたとうふはやわらかく舌ざわりがよい。使用量はだいず 1 kg 当たり 20～30 g（原料重量の 2～3 ％）である。

(3) **普通どうふ（もめんどうふ）のつくりかた**

(ア) **原料** 原料だいずは乾燥した新鮮なもので，種皮がうすく充実していて粒のそろったものを選ぶ。品種は，国内産のたんぱく質含量の多いものを使用する。

(イ) **浸せきと摩砕** だいずは混入物や不良粒を除いて，水洗いした後，夏はひと晩，冬は一昼夜水に浸す。吸水してふくらんだだいずは，石うすや摩砕機にかけ，原料の約 2 倍量の水を加えながら細かくすり砕く。摩砕しただいずを呉という。

(ウ) **煮沸** 呉は煮がまで煮沸し加熱する。煮沸時間は 15～20 分間とする。加熱によってだいずの青臭さがとれ，たんぱく質が溶出する。加熱のさいは，呉が沸騰して多量のあわが出るので，ふきこぼさないよう注意する。

図 4-16 型箱に凝固物を入れ，ふたをして重石をのせる

㈤ **圧搾** 加熱した呉は，麻製などのこし袋に入れ，圧搾・ろ過して豆乳をとる。だいずの種皮や繊維など熱湯に溶けないものは，とうふかすとして取り除く。

とうふかすは，ふたたび沸騰水のなかに入れ，2度絞りをすると，豆乳の収量は多くなる。

豆乳は，加水して原料だいずと加水量との比率が重量で1：10くらいの割合になるように調整する。

㈥ **凝固と成型** 豆乳の温度が70〜80°Cになったとき，凝固剤を水に溶かして加え，平均に混ざるようかくはんする。

凝固剤の量が少ないと，かたまらないし，多すぎると堅すぎて品質のわるいものになる。約15〜20分で豆乳中のたんぱく質が凝固し，上澄み液（ゆという）が分離する。

上澄み液を捨て，凝固したものをくずしながら，穴のあいた木製の型箱に布を敷いて，そのなかに静かに移す。布の端を重ねておさえぶたをして重石をのせ，浸出する水を取り除くと，とうふができあがる。成型には約15分間かかる。つぎに型箱を水中に沈めてとうふを取り出し，適当な大きさ（1個の大きさは約300g）に切って，そのまま水中に入れておく。とうふを水中に入れておくのは，冷却のためと，形がくずれないようにするためである。

㈦ **歩どまりと品質** だいず1kgから約4〜5kgのとうふができる。とうふの品質は，質がち密で舌ざわりのなめらかな光沢のある白

色をしたものがよい。焦げ臭や変敗臭のあるものはよくない。

とうふかすは栄養的にもすぐれた食品なので,料理に用いるほか,家畜の飼料などに使う。

(4) **きぬごしどうふ**　きぬごしどうふは,普通どうふと同じ方法でつくるが,成型のとき穴のあいていない型箱を使い,豆乳をゲル状に凝固させてつくったものである。普通どうふにくらべて,質がち密で外観や味もなめらかである。

(5) **とうふの二次加工品**　二次加工品とその製造法の概要は表4-14のようである。

表4-14　とうふの二次加工品と製造法

製 品 名	製 造 法 と 製 品
凍りどうふ (高野どうふ)	とうふをうすく切って凍結させた後(天然凍結法・人工凍結法がある),乾燥させた海綿状の風味のある加工品である。水を加えると柔軟となり,調味料の味がよくしみ込む。そのため"しみどうふ"とよばれる。昔から寒冷地でつくられてきた。
油 あ げ	堅めに仕上げたとうふをうすく切って表面の水気を除いた後,油であげたものである。
がんもどき	生どうふをくずして袋に入れ,じゅうぶん水を切り,やまのいもを入れ,にんじん・こんぶ・ごま・あさの実などの材料を加えてこね合わせ,油であげたものである。
焼きどうふ	生どうふをうすく切って水切りした後,炭火で焼いたものである。
ゆ　　ば	豆乳にうこん粉を加えて黄色にした後,食塩を加えて徐々に加熱し,表面にできるうすい皮膜を引きあげ,炭火で乾燥したもので,精進料理などに使われる。

2. 糸引きなっとう

糸引きなっとうは,蒸煮しただいずになっとう菌を繁殖させ,発酵作用によって熟成させたもので,丸だいずにくらべて消化がよく,栄養価も高く,風味のあるわが国独特の食品である。

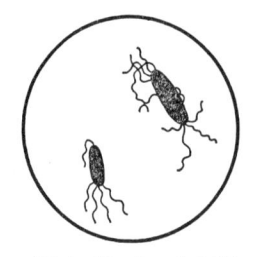

図 4-17 なっとう菌
注. べん毛を染色したもの。

(1) **なっとう菌の特性と製造上の留意点**

糸引きなっとうをつくるには、なっとう菌の特性を知ることが必要である。そのおもな特性をあげるとつぎのようである。

1) 枯草菌の一種で、稲わらや穀粒の表面、土中にひろく生息しており、とくにだいずの煮じるによく繁殖する。しかしだいずの種皮だけを蒸煮した煮じるは、なっとう菌の培養基に役だたないことが知られている。したがって、だいずはよく蒸煮して、種実中の成分が種皮にも浸透していることがたいせつである。

2) 好気性菌である。そのためなるべく空気にふれる面を多くして製造する。一度に多量の蒸煮だいずを盛り込まず、少量に分けて盛り込み熟成させる。

3) 耐熱性が強く、死滅温度と時間は100°Cで約5分間、80°Cで約60分間である。他の細菌類に比較して耐熱性があるので、原料の品温が高くても、菌の接種は可能である。

4) 繁殖適温は40°C前後、湿度は飽和状態がよい。pHは6.5〜7.5が最適である。

5) なるべく純粋繁殖させるため、容器などは完全に殺菌したものを使う。

(2) **つくりかた** なっとうは、かつては蒸煮しただいずを"つと"という稲わらの束につつみ、稲わらに付着している菌の繁殖によってつくっていたが、現在では純粋培養した菌を使っている。とくにわらつとの原料である稲わらは、農薬の散布により、なっとう菌の付着が少なくなっているので、よいものがつくれない。

(ア) **原料と原料の処理** 原料だいずは、完熟した粒ぞろいのよいも

のを使う。大粒よりも小粒か中粒のもののほうが粘りや風味がよい。

　精選した後，水洗いし，浸せきする。浸せき時間は冬で24時間，夏で10時間程度とする。

　(イ)　蒸　煮　　水切り後5～6時間蒸煮し，だいずを指ではさんで軽くおしたとき，簡単につぶれる程度にする。

　(ウ)　なっとう菌の接種　　なっとう菌は粉末状や液状にした純粋培養菌が市販されているので，これを所定量の温湯に溶かし，蒸煮だいずが40～45°Cに下がったら菌をふりかけてよく混合する。大量につくるばあいはなっとう菌接種器などを使う（図4－19参照）。

　(エ)　盛り込みと熟成　　菌を接種した蒸煮だいずはわらつとまたは三つ折りにした経木（きょうぎ）に1個当たり100～150ｇずつ入れ，殺菌した仕込み用の箱に並べる。重箱や小型の平箱などに盛り込むばあいは，厚さを3cm程度にして軽くつめ込む。

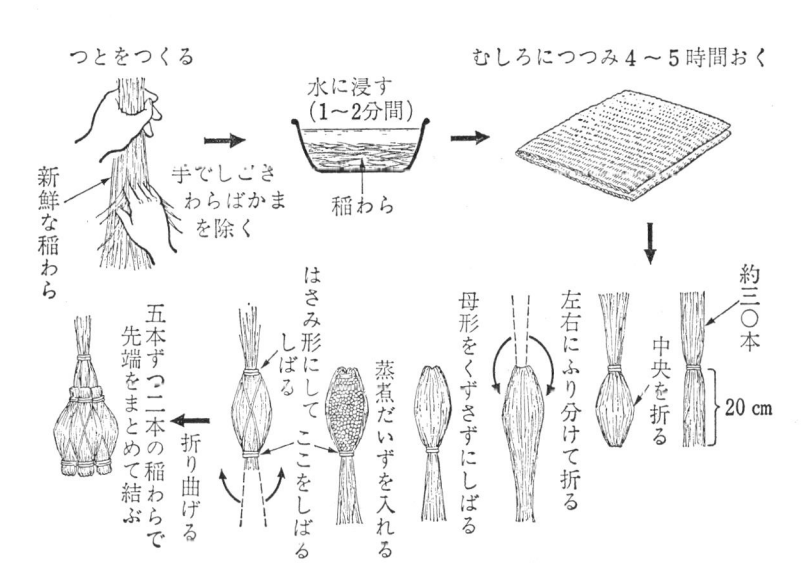

図 4-18　わらつとなっとうのつくりかた

盛り込んだ容器は，乾燥しないようにして温湯や炭火などの熱源を利用し，むしろなどで覆って，37～40°Cに保温する。

約18～20時間でなっとう特有の香りがつき，表面に白色の粘質物（なっとう菌の菌体）ができるので，保温をやめ製品とする。熟成中に品温が40°C以上になり発酵がすすむと，アンモニア臭が生じて，よい製品は得られないので，温度管理に注意する。

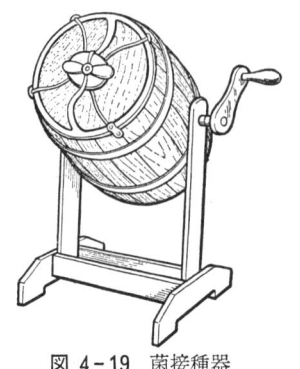

図4-19 菌接種器

(オ) **製品と品質** 原料だいず1kgから約1.7～1.9kgの製品ができる。なっとうには強力なたんぱく質・でんぷん分解酵素が含まれているので，消化を助けるはたらきがある。製品はだいずの表面が灰白色の菌体で覆われ，なっとう特有の香りがあり，味の淡泊なものがよい。

3. きな粉（黄名粉）

きな粉は，だいずを炒って粉末にしたもので，香ばしい味があり，消化もよく栄養もあるので，昔から飯やもちなどにまぶして食べたり，各種の製菓材料に使われたりしてきた。

つくりかたは，精選した黄だいずを，平なべや回転式炉などで均一に加熱して炒りあげる。加熱は150°Cくらいで10～20分間を限度とし，香ばしい味が出るようにする。加熱しすぎると苦味がつくほか，栄養価も低下する。

炒っただいずは放冷した後，粉砕機などを使ってあら砕きし，風選して皮を除き，粉ふるいを通すまで微細に粉砕して仕上げる。青だいずを使うと，青みがかったきな粉が得られるが，これを**うぐいすきな粉**

（青黄名粉）とよんでいる。

4. 豆もやし

豆もやしは，東北地方で青野菜の欠乏する冬の代用野菜としてつくられていたものであるが，現在では四季を通して加工・販売されている。ビタミンCを多く含む食品である。

豆もやしは，豆類を発芽させ，やわらかい芽を食用にするものであるから，温度・水分などを発芽および生育に適するように調節することが製造上の要点となる。原料は，おもにりょくとうが使われるが，黄だいずも使われる。

発芽容器は，底に排水孔をつけたおけか，砂を入れた木箱などを使う。

豆は中粒で粒がそろい完熟したものを選ぶ。原料豆は25°C前後の温湯に5〜6時間浸せきしてじゅうぶんに吸水させ，発芽に必要な水分と温度を与える。その後，おけや発芽箱に入れてむしろなどで覆い発芽させる。約18〜20時間で発芽する。発芽までは1日2〜3回の割で豆がじゅうぶん浸る程度にかん水する。冬は25°Cくらいの温水を使う。発芽にともなって呼吸熱のため品温が上昇し腐敗する危険もあるので，品温が上昇しないようにする。発芽後の生育適温

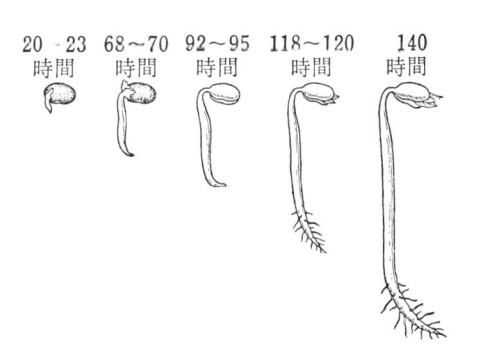

図 4-20 豆もやしの生育経過

は24〜30°Cである。湿度は85〜90％がよい。6〜7cmの長さに生長し，本葉が出ていない状態のものを食用にする。

5. ピーナッツバター

ピーナッツバターは，らっかせいを炒ってすりつぶし，食塩で調味してペースト状に練ったもので，らっかせいの主成分である脂肪・たんぱく質の消化率を高めるようにした栄養価の高い食品である。

見ためがバターに似ているため，ピーナッツバターとよばれ，パンやクッキーなどにつけて食べる。家庭でもフライパンや平なべ・すりばちなどを使ってつくることができる。

原料のらっかせいは，完熟した大粒のものを選ぶ。油がしみ出る程度に炒りあげるが，これは風味や消化をよくするためである。

渋皮が混入すると製品の舌ざわりや外観がわるくなる。また胚が混ざると苦味が出るので，胚は除く。炒った豆は，すりばちなどですりつぶすが，あまり細かくすりつぶすと，貯蔵中に油脂分が分離したり粘りが強すぎたりする。塩味と貯蔵性を与えるため，食塩を原料重量の2％添加する。

① 炒る
160℃,30分間くらい表面に油がにじみ出る程度で，焦げないように注意する

② 渋皮の除去
冷却してから手でもむ

③ 荒砕きと胚芽除去
すりこぎで種実を細かく砕く

④ すりつぶし
バター状になるまですりつぶしながら練る
食塩を加える

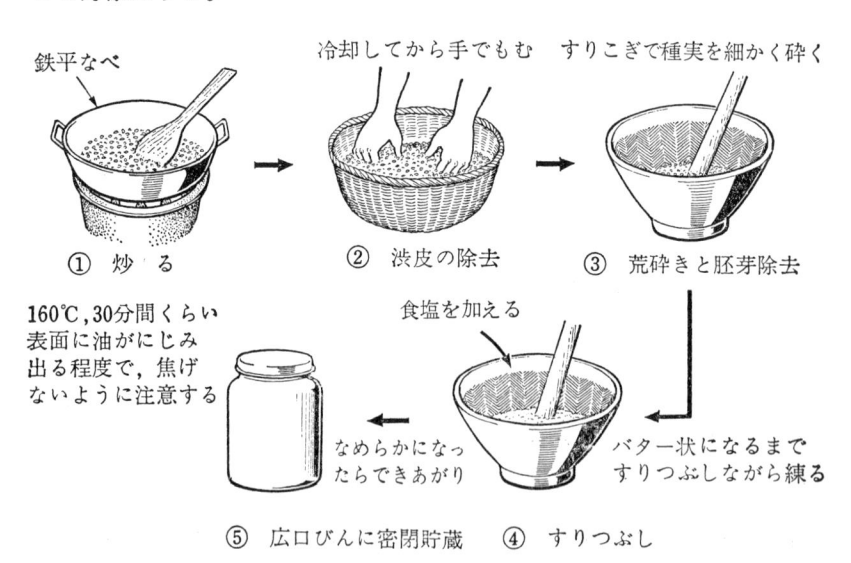

⑤ 広口びんに密閉貯蔵
なめらかになったらできあがり

図 4-21 ピーナッツバターのつくりかた

6. あ ん

(1) あんができる原理　一般に，でんぷんは水を加えて加熱するとのり状になる。あずき・えんどう・いんげんまめなどの種実に含まれるでんぷんは，各細胞内で，たんぱく質につつまれて存在している。そのため，種実を湯煮して加熱すると，たんぱく質がでんぷんをつつんだままの状態で凝固する。でんぷんは細胞内にとじ込められた状態になっているから，湯煮した粒実を粉砕したものに，水を加えて加熱してものり状にならない。

あんはこの特性を利用したもので，原料の豆類を湯煮した後，すりつぶして種皮を除き，水にさらして細胞をばらばらにしたものである。

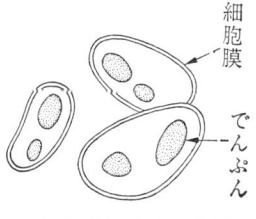

図 4-22　あんの粒子

圧搾して得たあんを**生あん**といい，これを乾燥し粉状にしたものを**さらしあん**という。

(2) あんの種類　あんには，あずきを原料とした赤あんと，白いんげん（大手芒）や白あずきを原料とした**白あん**，えんどうを原料とした**青あん**などがある。しかし，あんの主原料はあずきであり，赤あんがもっとも多く消費されている。あんは，もちにつけて食べるほか，ようかん・まんじゅうなどの和菓子の原料として利用される。

(3) つくりかた

① 精選した原料豆を，容量で約2倍量になるまで浸せきする。

② かまのなかで，指でおすとつぶれる程度に煮る。加熱をつづけると赤灰色のあくが浮いてくるので煮じるを捨てて新しい清水と入れかえ，ふたたび煮る。あく抜きは1～2回おこなう。

③ 煮あがった豆は，水を切ってすりばちなどですりつぶすか，麻

袋などに入れよくつぶし，それをこしてかすをとる。かすを除いたしるを水中にさらして懸濁・沈殿させ，上澄み液を5～6回取りかえる。

④　沈殿しているこしあんを木綿(もめん)袋に入れて圧搾し，水気をきる。これが生あんである。

　生あんは，砂糖や水あめを加えて煮ながら練りあげ，利用目的に合った堅さと甘味に仕上げる。製品の歩どまりは原料中の約70％である。製品の重量は，原料重量100に対し生あん120～150である。

§3. めん類加工

1. めんの種類

めん類は、小麦粉・そば粉・でんぷんなどを、水または食塩水でこね、うすく延ばして細長い線状（めん線）に成型したものである。めん類の歴史は古く、約1500年前に中国から伝えられたといわれ、うどん・そうめんなどは、古くから親しまれてきた。近年は、マカロニ・スパゲティなどの欧米風のめん類も食生活に定着してきた。

めん類を製造法によって分けると、つぎのようになる。

1) 生地を圧延してめん帯をつくり、これを細断して細かいめん線をつくるもの。うどん・ひもかわ・ひやむぎ・そうめん・中華そば・そばなど。

2) 生地に圧力をかけ、生地を一定の穴型から圧出させてつくるもの。マカロニ・スパゲティ・ビーフン・でんぷんめんなど。

3) 生地をひも状にねじり、引き延ばして細いめん線につくるもの。

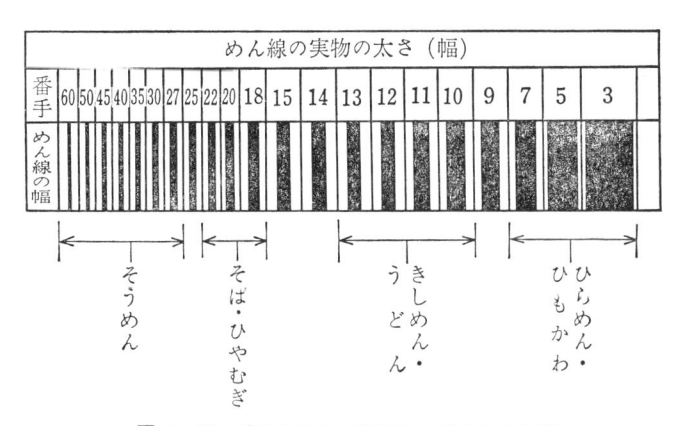

番手	60	50	45	40	35	30	27	25	22	20	18	15	14	13	12	11	10	9	7	5	3

めん線の実物の太さ（幅）

- そうめん：60〜27
- そば・ひやむぎ：25〜18
- きしめん・うどん：15〜11
- ひらめん・ひもかわ：10〜3

図 4-23 番手とめんの種類および太さの比較

注．番手（切歯番数）は30 mm幅の切り出しロールを等分に加工切断されるめん線の数によってあらわされる。

手延ばしそうめん・手づくりめんなど。

うどん・そうめんなどは，日本工業規格（JIS）によって，めん線の太さが標準化されている（図 4-23）。また，製造法によって手づくりめんと機械めん，生めんと乾めんに区別され，めん線の断面の形によって丸めんと角めんに区別される。

2. めん類製造の原理

小麦粉に水を加えてこねると，小麦たんぱく質のグリアジンとグルテニンとが水和して，膨潤したグルテンが生成され，弾力や粘りが生じ，線状に伸ばしても切れなくなる。うどん・そうめん・スパゲティなどは，この粘弾性を利用してめん線をつくる。しかし，そば粉やでんぷんは，小麦粉のようにグルテンが生成されないので，粘弾性がない。そのため，そばやでんぷんめんは，小麦粉・やまいも・ふのり・鶏卵などのつなぎ材料を混入して，めん線が切れないようにしている。

このように，めん類はグルテンの粘弾性を利用してつくられるが，グルテンが必要以上に生成されたり，粘弾性が強すぎたりすると，堅いめんとなり，やわらかさと風味が失われる。グルテンの粘弾性は，小麦粉のたんぱく質含量や性質によってちがうので，原料小麦粉によってめん類の堅さがちがう。一般にめん類には，中力粉が適している。

また，グルテンの生成は，水分の量によっても影響を受けるので，原料粉の選択とともに，水分の調節にも留意することがたいせつである。なお，そば以外のめん類には食塩が使われるが，これは塩味を与えるほか，グルテンの粘弾性を増し，乾めんの折損・ひび割れの防止，かびの発生防止に役だっている。

3. うどん

(1) 手打ちうどん 手打ちうどんは，機械を使わないでつくるうどんで，市販の機械めんに比較して風味のあるものがつくれる。手打ちうどんは地方の習慣によって，原料の配合，つくりかたなどが異なり，その地方独特のものがつくられるが，つくりかたの概略はつぎのとおりである。

表 4-15 原料小麦粉に対する食塩水量と食塩水のつくりかた

季節別	小麦粉 5kg 当たり食塩水の添加量(l)	水 1lに溶解する食塩の量(g)	ボーメ(Be)度
春	1.7～1.9	136～182	11～14
夏	1.5～1.8	169～271	12～16
秋	1.7～1.9	122～169	10～12
冬	1.8～2.0	109～122	9～10

(ア) 加水とこね合わせ ふるいにかけた小麦粉に必要量の食塩水（表4-15参照）をすこしずつ加えながら，両手で力を入れてこねる。こねあげは，手にべとつかない程度の堅さが

① めん棒で生地を延ばしてめん帯をつくる　② めん帯を折りたたむ

③ めん線に切る

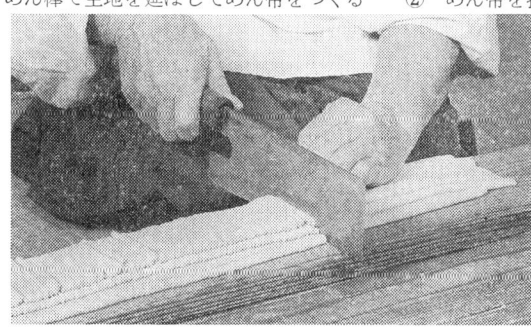

図 4-24 手打ちうどんのつくりかた

よい。

(イ) 熟成　こねあげたものを，ぬれぶきんで覆い，約2時間熟成させる。熟成は延びをよくし，食塩水を粉によくゆきわたらせて粘りを出させるためにおこなう。

(ウ) 延ばし　熟成が終わったら台（めん板）の上にのせ，手のひらでおし，平らに延ばす。つぎにめん棒で力を平均に加えながら，回転させ，うすく延ばしてめん帯をつくる。めん帯は，延ばしを数回繰り返して平均の厚さ（3mm程度）にする。

(エ) 切り出し　延ばしためん帯は打ち粉（めん帯が板や手につかないよう粉をふること）をして，交互に折りたたみ，端から細かく同じ幅で切断してめん線をつくる。めん線は，ばらばらにならないようにていねいに板箱に移す。これが**生うどん**である。

(オ) 湯煮　生うどんは沸騰した湯のなかに，すこしずつほぐしながら入れ，強火で15～20分間ゆであげる。ゆであがりの5分間は弱火で蒸らすような状態にゆでると，ふんわりとした状態にゆであがる。

湯煮しためんは，流水中にさらしてよく洗い，手でつまむようにしてざるなどに取りあげて水を切る。これを**ゆでうどん**という。

(2) **機械製めん**　手打ちうどんの製法を機械化したのが機械製めんで，つぎのような順序でおこなわれる。

原料 のこね合わせ──練りとこね合わせ──練り延ばし──切り出しロールでの切断── 生めん ──乾燥── 乾めん

図 4-25　製めん機

工程は，こね機・めん帯

機・延ばし機・切り出しロール・自動めん線掛け機などを組み合わせて，自動的におこなわれる。

原料の配合や，食塩水の加水量は手打ちめんのばあいと異なり，機械製めんに適するよう操作されている。切り出しロールはめんの種類によって切り出し幅と刃型がちがっており，それを取りかえて各種のめんをつくることができる。

乾めんは，生めんを天日や火力で乾燥させ，水分を14％以下にしたもので，乾燥機を使うと4～5時間で乾燥できる。

4. 手打ちそば

そば粉を使った手打ちそばは，昔から日本各地でつくられ，とくにそば粉だけでつくる"きそば"は，更科そば・薮そばとよばれ，風味のある独特の歯ざわりをもつ。

原料のそば粉は風味を保つため，必要に応じてそのつど製粉する。ふつうの手打ちそばは，中力粉30～70％量を混合する。

そばには，食塩を使わないのがふつうである。

1) そば粉は粘りを出すため湯でこねる。つなぎ材料を加えるばあいは，少量ずつ均一に加えてこねる。
2) 延ばしやめん線の切り出しは手打ちうどんに準じておこなう。
3) そばは食べる直前にゆで，冷水にさらしてから食べる。

5. その他のめん類

(1) **そうめん** 機械めんと手打ちめんがある。切り出しロール27～60番手の細いめんで，冬に製造され，5～6か月ねかした後，食用にされる。

(2) **中華そば** 小麦粉をこねるとき**かん水**を使う。かん水はアル

カリ性の炭酸カリウムと炭酸ナトリウムの混合液で，グルテンの粘弾性を強くし，歯ごたえのあるめんにするほか，小麦粉のフラボン系色素に作用し，めんを黄色にする。つくりかたはうどんと同様である。

(3) **マカロニ類**　欧風めんとして，マカロニ・スパゲティ・パーミセリー・ヌードルなどの種類がある。高たんぱく質の小麦粉を使い，高い圧力をかけて生地を圧出させ，乾燥させたもので，保存性がある。

(4) **即席めん類（インスタントめん類）**　即席めん類は，熱湯をそそぐか，短時間の加熱で食べられ，その調理の簡便さから，消費量が年々増大している。

即席めんは日本農林規格（JAS）では，「小麦粉または粉を主原料として，これに水・食塩またはめん質改良剤を加えて製めんし，油処理その他の方法で乾燥したもののうち，調味料もしくは"やく味"を添加したもの，または調味料で味付けしたものであって，簡便な調理操作によって食用に供するものをいう。」と規定され，即席中華めん・即席和風めん・即席欧風めん・スナックめんの4種類に分けられている。

製品は油脂が多く，保存条件がわるいと変質する。

§ 4. パンおよび菓子の加工

1. パンの種類

パンは，数千年も前から西欧諸国の人々の主食とされてきた。わが国へは約400年前ポルトガル人によって伝えられ，今日では日常の食生活に欠かせないものとなっている。パンは小麦粉を利用した消化・吸収のよい食品の一つである。

パンは，酵母（イースト）の発酵作用によって生じる二酸化炭素で生地を膨軟にさせて焼きあげたもので，他の膨張剤を使うものと区別するため**発酵パン**とよばれる。パンの種類を類別すると表4-16のとおりである。

表4-16　パンの種類

類別の基準	種　　　　類
製造方式	アメリカ式パン——高たんぱく質の小麦粉を使い，原材料の多いやわらかいパンで，日本でつくられるパンはこれに含まれる。 ヨーロッパ式パン——低たんぱく質の小麦粉を使い，基本原料だけでつくる堅いパンである。
形　状	角型パン・山型パン（ソンローフ）・ロールパン・バケット型パン・コッペ型パンなど
原　料	白パン・ライ麦パン・黒パン ミルクパン・チーズパン・ぶどうパン・ナッツパンなど ジャムパン・菓子パン

2. 原材料と製造法

(1) **原材料**　　パンの基本原材料は小麦粉・酵母・食塩・水の四つである。風味や外観をよくし，栄養価を付加するため，砂糖や油脂類・

---

(1) わが国のパンの語源は，ポルトガル語のパオから由来したものといわれ，ブレッド・ロールなどの発酵パンの総称として使われている。

乳製品などが原材料として使われる。

　(ア)　**小麦粉**　　水分14％以下，灰分0.45％以下の白色または淡黄色の小麦粉がよい。小麦粉は製粉直後のものより，1か月以上熟成させたものがよいといわれる。小麦粉の種類や品質は，パンの品質や製法に大きな影響を与える。

　(イ)　**酵母（イースト）**　　酵母の発酵作用でエチルアルコールと二酸化炭素が生成される。発生したガスは，生地を膨張させ，アルコールは他の成分と結合してパンに特有の香りと風味を与える。このはたらきを化学式で示すとつぎのとおりである。

$$C_6H_{12}O_6 \longrightarrow 2\,C_2H_5OH + 2\,CO_2 + 22\,\text{kcal}$$

糖分＝ぶどう糖　　酵母のはたらき　　エチルアルコール　　二酸化炭素　　発生したエネルギー

　昔は空気中の酵母を自家培養して，パン種として保存して使っていたが，現在はサッカロミセス　セレビシエーとよばれる酵母を純粋培養したものが使われている。製品は培養した酵母をそのまま圧搾してかためた**圧搾酵母**と，一定の条件下で乾燥し，水分を10％以下とした**乾燥酵母**とがある。

　酵母の使用量の標準は，小麦粉の重量に対して圧搾酵母で1.5～2.0％量，菓子パンなど砂糖の使用量の多いもので3.0～4.0％量である。

　乾燥酵母は，圧搾酵母の約2分の1量を使う。小麦粉には2％程度の糖分を含むので，とくに糖を加えなくとも，酵母による発酵作用はおこなわれる。

　(ウ)　**食塩**　　食塩は，グルテンに作用して生地をひきしめ，粘弾性を高める。また，有害菌の生育をおさえたり食味を向上させたりする。

　使用量は，小麦粉の重量に対して食パンでは1.5～2.0％量で，菓

子パンでは 0.5～1.5 ％量である。

(ェ) **砂　糖**　　砂糖は酵母の栄養源となる。また，パンの風味・甘味・すだちをよくし，やわらかさと日持ちをよくするほか，生地の粘弾性を増す。

砂糖はパンの表面の着色にも役だち，焼きあがりの色相をよくする。使用量はパンの種類によって異なり，食パンでは小麦粉重量の 3～5 ％量，菓子パンでは 15～30 ％量を使う。水あめやはちみつなども甘味料として使われる。

(オ) **脂　肪**　　脂肪はパンの風味をよくし，すだちをきめ細かくし柔軟にする。また，保存性を高め外観をよくする。

脂肪にはショートニングがもっとも多く使われるが，特殊なパンにはバターが使われる。使用量は小麦粉重量の 3～5 ％量で，過度の使用はグルテンの生成に影響し，ふくらみをゆるくする。

(カ) **水**　　水質はパンの品質に影響する。硬水はグルテンを堅くし，すだちを細かくするが，発酵がおくれる。軟水はグルテンをやわらかくし，発酵を早め，すだちの荒い製品にする。水の使用量は小麦の水分含量や原料の配合割合などによって異なるが，おおよそ小麦粉重量の 55～65 ％量である。

(キ) **その他**　　パン生地の改良剤として，イーストフードが使われるほか，着香料・乾燥果実類などが使われる。

(2) **製造法**　　パンの製造法は，生地のつくりかたによって，直ごね法・中種法などに分けられる。直ごね法（スレート法）は，原材料の全部を同時に仕込んで生地を発酵させる方法である。また，**中種法**（スポンジ法）は原材料のうち小麦粉の 50～70 ％と酵母の全量，お

---

(1) 大量生産方式の機械製パンでは，液種法や連続生地製造法などがおこなわれている。

よび水を用いて仕込み，中種として発酵させた後，残りの原料を加えて本ごね仕込みをする方法である。

直ごね法は発酵時間が短く，製品の風味や焼きあがりなどに個性のあるものができるが，発酵時間や温度操作による影響を受けやすく，製パン機械による製法には不適で，手づくりパンや小規模生産に適する。

中種法は，発酵時間や温度などにもあまり影響されず，製造中での操作が製品にあまり影響しないため，製品のむらが少なく大量生産に適する。企業による大量生産方式の製パンは，ほとんど中種法か，直ごね法以外の方法でつくられる。

3. 直ごね法による手づくりパン

パンは，家庭でも簡単な器具を使って風味のある個性的なものをつくることができる。直ごねによる製法の原材料配合例および用具類は，表4-17および表4-18のとおりである。

表 4-17 基本的な原材料配合例

原材料	割合	重量
強力小麦粉	100	500 g
乾燥イースト	1	5
砂糖	4	20
食塩	2	10
ショートニング	4	20
水	60	300 ml

注．食パン用の配合例。

表 4-18 製パンの用具類

大型ボール	3～4個
ふるい	1
小型ボール	3～4
のし板かまな板	
オーブン（天火）と天板	
保温用のこんろか湯たんぽ	
計量用具	

つくりかたの手順は，つぎのとおりである。

(1) **仕込み**（図4-26(1)）　用量の原材料を混ぜ合わせ，はじめはゆっくり手でかき混ぜる。原材料がよく混ざったら，のし板にのせて，じゅうぶんにこねて生地をつくる。

(2) **第一発酵**（図4-26(2)）　生地をボールなどに入れ，27～28

§ 4. パンおよび菓子の加工　121

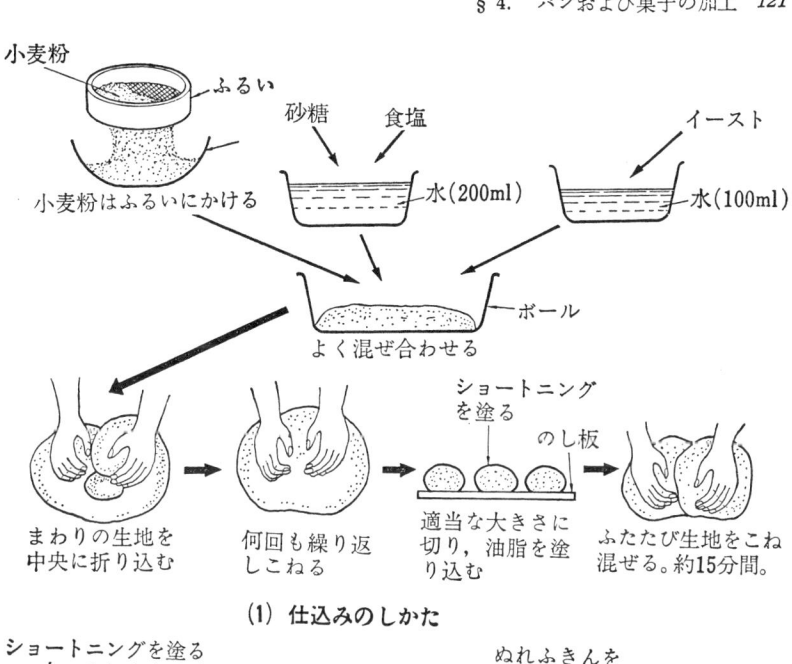

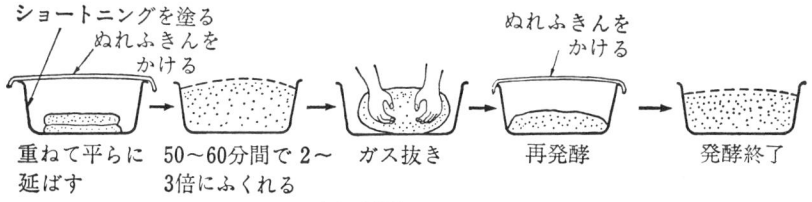

(1) 仕込みのしかた

小麦粉 — ふるい — 小麦粉はふるいにかける
砂糖、食塩 — 水(200ml)
イースト — 水(100ml)
ボール — よく混ぜ合わせる

まわりの生地を中央に折り込む → 何回も繰り返しこねる → 適当な大きさに切り，油脂を塗り込む（ショートニングを塗る／のし板）→ ふたたび生地をこね混ぜる。約15分間。

(2) 発酵のさせかた

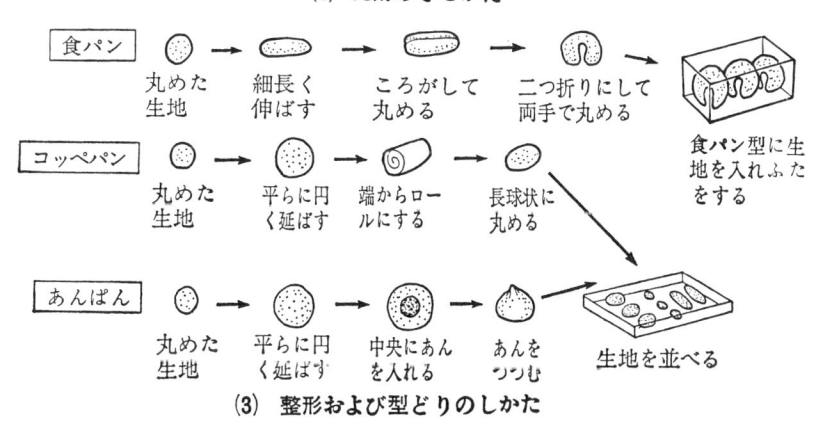

ショートニングを塗る／ぬれふきんをかける　重ねて平らに延ばす → 50～60分間で2～3倍にふくれる → ガス抜き → ぬれふきんをかける　再発酵 → 発酵終了

(3) 整形および型どりのしかた

食パン：丸めた生地 → 細長く伸ばす → ころがして丸める → 二つ折りにして両手で丸める → 食パン型に生地を入れふたをする

コッペパン：丸めた生地 → 平らに円く延ばす → 端からロールにする → 長球状に丸める

あんぱん：丸めた生地 → 平らに円く延ばす → 中央にあんを入れる → あんをつつむ → 生地を並べる

図 4-26　直ごね法による手づくりパンの製造工程（仕込みから整形・型どりまで）

°Cに保温しながら発酵させる。保温には湯たんぽや湯せんを使うとよい。50〜60分たって生地が2〜3倍にふくれたら，**ガス抜き**をおこない，ふたたび保温して発酵させる。ガス抜きは，酵母の繁殖に必要な酸素を供給し，二酸化炭素をおし出し，すだちを細かくするためにおこなう。再発酵で生地が2〜3倍にふくれたら発酵を終わり，型どりに移る。

(3) **整形・型どり**（図4-26(3)）　発酵の終わった生地は，適当な大きさに分割し，両手でよく丸めて，図(3)の要領で食パン型に入れるか，天板にのせる。

(4) **第二発酵**　型どりしたものや，天板にのせたものを，大型の蒸し器などで蒸気をじゅうぶんにたて（湿度80〜90%），35〜38°Cに保温しながらふたたび発酵させる。約20〜30分すると，生地が約2倍量の大きさにふくらむので，これを天火（オーブン）に入れる。

(5) **焼きあげ**　焼きあげ温度は，180〜200°Cとする。焼きあげ時間は，生地の大きさ・形・重量，天火の容量などによってちがうが，おおよそのめやすは，生地の重量40〜60gのロールパンで13〜15分間，150〜200gの食パンで20〜30分間である。

焼きあがったものは，卵白やバターなどを表面に塗ってつやを出した後，ただちに冷却する。

4. 中種法による食パンの製造工程

製パン用機械を使った食パンの一般的な製造工程（中種法）は，図4-27のようである。

5. パンの品質

パンの品質については，業界では一定の審査基準を設け，内相・外

§ 4. パンおよび菓子の加工　123

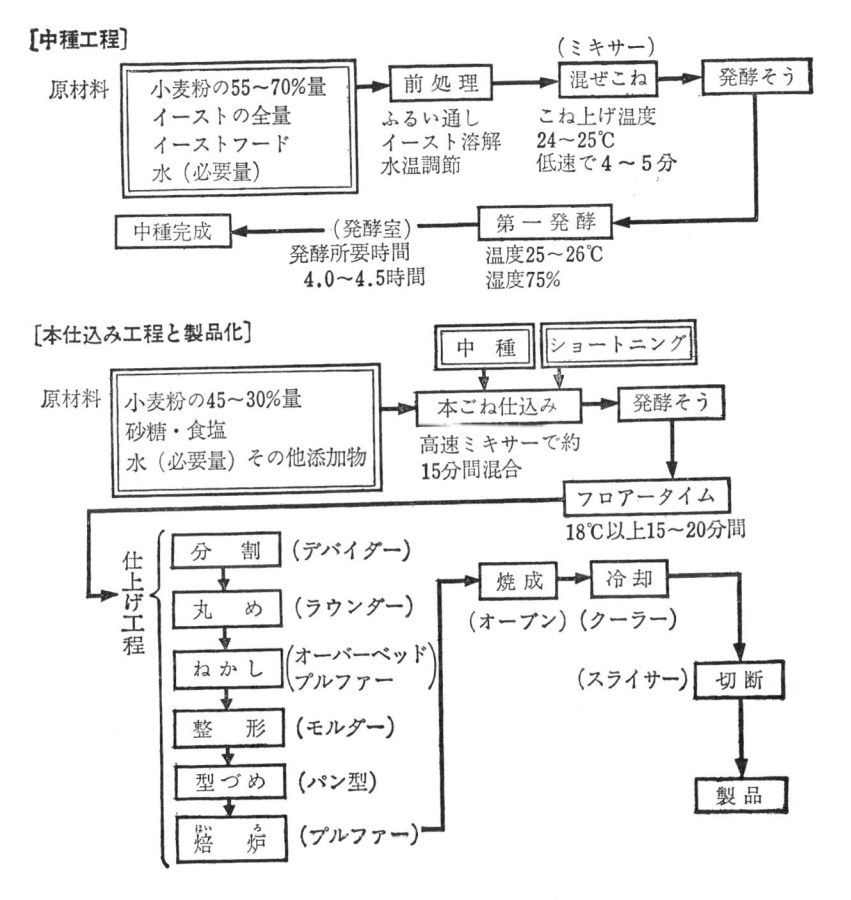

[中種工程]

原材料：小麦粉の55〜70%量／イーストの全量／イーストフード／水（必要量）
→ 前処理（ふるい通し，イースト溶解，水温調節）
→ 混ぜこね（ミキサー）（こね上げ温度24〜25℃，低速で4〜5分）
→ 発酵そう
→ 第一発酵（温度25〜26℃，湿度75%）
→（発酵室）発酵所要時間 4.0〜4.5時間
→ 中種完成

[本仕込み工程と製品化]

原材料：小麦粉の45〜30%量／砂糖・食塩／水（必要量）その他添加物
→ 本ごね仕込み（中種，ショートニング）高速ミキサーで約15分間混合
→ 発酵そう
→ フロアータイム　18℃以上15〜20分間
→ 仕上げ工程：
　分割（デバイダー）
　→ 丸め（ラウンダー）
　→ ねかし（オーバーベッドプルファー）
　→ 整形（モルダー）
　→ 型づめ（パン型）
　→ 焙炉（プルファー）
→ 焼成（オーブン）
→ 冷却（クーラー）
→ 切断（スライサー）
→ 製品

図 4-27　中種法による食パンの製造工程

観に分けて製品の良否を評価している。一般によいパンとはじゅうぶんなふくらみをもち，外観は黄かっ色を呈し，着色が均一で，気泡（きほう）が細かく乳白色をしているものである。酵母臭・かび臭・酸臭のあるもの，表面に焦げつきのあるものはよくない。

　パンは，時間がたつと水分を失い，弾力性がなくなり，堅くなる。この現象を**老化**といい，老化が進行すると，消化が劣り，品質も低下する。老化を防ぐためには，密閉・包装するとよい。

6. 菓　子　類

菓子の名称は"くだもの"や"木の実"からはじまったといわれる。日本古来の菓子を **和菓子** とよび，その製法のはじまりは中国から伝えられた。明治以後西欧諸国から伝わった小麦粉を主原料とする菓子類を **洋菓子** とよぶ。

菓子の種類は多く，原材料や製造法，できあがりの状態などにより名称がつけられている。小麦粉を主原料とする菓子類を示すと表4-19のようである。

表4-19　菓子の種類

区　　　分	名称または種類
焼き菓子類	
ビスケット	ハードビスケット・ソフトビスケット・クラッカー
焼きもの	クッキー・ボーロ・マコロン・ザブレ・落焼き・ラスク・堅パンなど
せんべい	かわらせんべい・鉱泉せんべい・巻きせんべい・薄物せんべいなど
ウエハース	ウエハース類
油菓子類	
かりん糖	黒かりん糖・白かりん糖など
ドウナツ類	輪ドウナツなど
和菓子類	
蒸しもの	酒まんじゅう・くすりまんじゅうなど
焼きもの	くりまんじゅう・今川焼き・どら焼き・カステラまんじゅう・たい焼きなど
洋生菓子類	
カステラ	カステラ
洋生菓子	スポンジケーキ・ワッフル・パイ類など
その他	小麦粉あられ

(1) **クッキー**　　クッキーは，パンなどにくらべて製法も簡単で，こね合わせの器具とオーブンまたは焼成用のかまがあれば，家庭でも短時間につくることができる。

(ア) **原材料**　　クッキーの原材料はつぎのとおりである。

a．小麦粉　　薄力粉を使う。グルテンの生成をおさえるため，強くこねない。

b．でんぷん類　　クッキーの歯ざわりをよくするため，コーンスターチやじゃがいもでんぷんを小麦粉の重量に対して2～3割量加える。

c．糖類　　光沢や色づけをよくするため，砂糖やぶどう糖を使う。甘味料として水あめやはちみつなども使われる。

d．油脂類　　クッキーのすだちやなめらかさ，やわらかさを与えるため，油脂類を使う。それにはおもにショートニングやマーガリンが使われるが，高級品には，バター・ラードなどが使われている。

e．膨張剤　　ベーキングパウダー（ふくらし粉）が使われる。加熱によって二酸化炭素が発生し，焼きあがりをやわらかくふっくらとさせる。

ベーキングパウダーは炭酸水素ナトリウムや炭酸水素アンモニウムなどを基材としている。ガスの発生量や，生成物の食品におよぼす影響などを考慮してつくられ，酸性物質が数種類混和配合されている。加熱によってつぎの反応がおこり，ガスが発生する。

$$2NaHCO_3 \rightarrow CO_2\uparrow + H_2O + Na_2CO_3$$
$$2NH_4HCO_3 \rightarrow 2CO_2\uparrow + 2H_2O + 2NH_3\uparrow$$

f．鶏卵　　卵白のあわだち性を利用して，生地のすだちをよくし風味を高めるために使う。

g．その他　　風味や栄養価を高めるため，牛乳や乳製品が使われるほか，食塩・香料・ジャム類・果実・種実などが使われる。

(ｲ)　製造法　　クッキーはし好的な要素が強いので，原材料の種類や配合割合には決まったものはないが，基本的な配合割合を示すと表4-20のとおりである。

表 4-20 原材料と配合割合例（重量比）

原材料	配合割合
小麦粉（薄力粉）	100
でんぷん類	20〜30
砂糖	30〜40
ショートニング	40
膨張剤	適量
香料	少量
鶏卵	5〜6
水	2.5

製造法は原材料の種類によって異なるが，一般的な製造順序はつぎのとおりである。

a．**原材料の処理と混合**　粉状のものはすべてふるいにかける。まず油脂類をよく練り合わせる。つぎにこね混ぜながら砂糖を入れて混ぜ合わせ，じゅうぶんに空気を含ませてクリーム状にする。そのなかに水に溶かした膨張剤・香料・鶏卵などを入れてよく混ぜ合わせる。クリーム状のものに，ふるいを通した小麦粉を加えて軽く混ぜ合わせる（小型のミキサーを使っておこなうとよく混合できる）。

b．**延ばしと成型**　混合した生地を平らな板の上にのせ，めん棒でおさえながら均一に延ばす。厚さは2.0〜3.0mmとする。

延ばした生地は，カッターまたは抜き型で型をとり，これを油をうすくひいた天板に間隔をとって並べる。デザインや外観をよくするため，生地の上に果実類やジャムなどをのせるばあいもある。

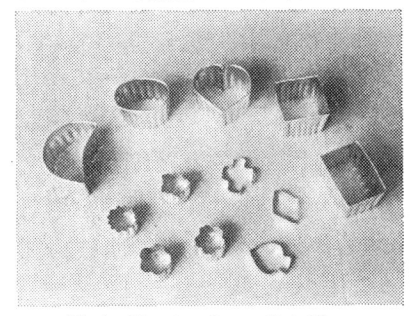

図 4-28　クッキーの抜き型

c．**焼きあげと冷却**　天板をオーブンに入れ，180〜200°Cで8〜10分間焼く。表面がかっ色になり，適度の焼き色になったら天板を取り出し，そのまま5〜6分間冷却する。

クッキーは吸湿すると，変質しやすいので，密閉できる防湿性の容器に保存する。

(2)　**スポンジケーキ**　スポンジケーキは，鶏卵のあわだち性と凝固性を利用して，小麦粉と砂糖を原材料として焼きあげた菓子である。

§ 4. パンおよび菓子の加工　127

(ア) **原材料**　小麦粉・鶏卵・砂糖の3種をおもな原材料とし，そのほかにバターや水あめ・香料などを加える。スポンジケーキは，卵白の粘りを利用するのが特徴で，鶏卵をあわだてて空気を含ませ，そのあわを小麦粉でつつみ海綿状にふくらませたものである。

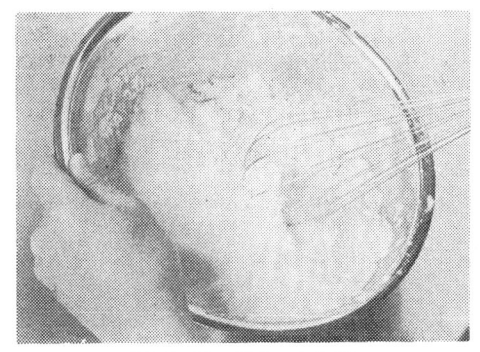

図 4-29　卵白のあわだて

3種の原材料は，ふつう等量の割合で配合する。小麦粉に対して，砂糖や鶏卵の割合の多いものほど高級品とされている。

(イ) **製造法**　鶏卵のあわだてには，全卵をあわだて器であわだてる方法（**共立て法**）と，卵白・卵黄を分け卵白だけであわだてた後，卵黄を加える方法（**別立て法**）とがある。別立て法は手間がかかるが，失敗が少ない。共立て法ではきめの細かい口あたりのよいものができる。

共立て法による手順はつぎのとおりである。

表 4-21　原材料と配合例

原材料	配合量
小麦粉（薄力粉）	300 g（半量コーンスターチでもよい）
鶏　　　卵	500 g（約10個）
砂糖（粉砂糖）	300 g

① 鶏卵をよくあわだてた後，ふるいを通した砂糖を加え，さらにあわだてる。

② 粘りと純白の光沢が出てきたら，ふるいを通した小麦粉を加え，手早く軽く混ぜ合わせる。このときあわをつぶさないようにする。

③ よく混合したら生地に香料などを加える。スポンジケーキ型か天板などに油脂をうすくひいて紙を敷き，その上に生地を流し込む。

ケーキ型の8分目まで入れる。

④　オーブンの温度は 170〜180°C で上火をあまり強くしないでゆっくりと時間をかけて焼きあげる。

⑤　焼きあがったら型から出して中心部まで完全に冷却した後，飾りなどして製品とする。

§5. つけもの加工

1. つけものの種類

つけものは，野菜や果実を食塩・酸・調味料・香辛料などとともにつけ込み，貯蔵性と独特の風味を与えたもので，わが国の伝統的な食品の一つである。

つけものは，その地域で生産される野菜・果実と，調味材料をもとにしてつくられてきたので，その地域の風土にあった独特の風味をもつものが多く，特産品となっているものも少なくない。

つけものには多くの原料が使われ，つけかたにもいろいろのくふうがおこなわれているので，その種類はきわめて多い。つけものの分類のしかたは一定していないが，つけかたによって分けると表4-22のとおりである。

2. つけものの製造原理

つけものには，つけかたの簡単なものから，いろいろの原料を混ぜ

表 4-22 つけものの種類

下づけ*するもの		下づけしないもの	
みそづけ	なすづけ・だいこんづけ・ごぼうづけなど	塩づけ	はくさい・たかな・きゅうり・なす・うりの塩づけなど
こうじづけ	べったらづけ・はくさいづけなど	ぬかづけ	ぬかみそづけ・たくあんづけなど
かすづけ	ならづけ・わさびづけなど	ピクルスづけ	ピクルス・サワークラウトなど
酢づけ	らっきょうづけ・紅しょうがづけ・千枚づけなど		
調味づけ	福神づけ・きゅうりづけなど		
からしづけ	なすのからしづけなど		

注. *下づけとは，みそ・こうじ・かすなどにつけ込むまでに塩づけすることをいう。

合わせてつける複雑なものまでいろいろあるが、つけかたの原理はすべて共通している。

(1) **つけものがつかる理由**　原料の生の香りや味がなくなり、塩味や調味材料の香り成分、およびつけ込み中に生成されるうま味成分などが、野菜の内部にはいり込み、独特の風味をもつようになった状態を、つけものが"つかった"という。つけものがつかるのは、つぎに述べる浸透作用・酵素作用・発酵作用によるが、一つの作用だけによることは少なく、三つの作用が複雑に関係している。

(ア) **食塩と浸透作用**　野菜や果実の細胞は、生きた状態では半透性の原形質膜をもっているため、食塩や調味料の成分は通さない。しかし、適量の食塩を加えると、食塩の脱水作用により細胞の水分がうばわれ、細胞は原形質分離をおこして死んでしまう。そのため、原形質膜は半透性を失い、食塩や調味材料のほか発酵作用や酵素作用によってできたうま味成分が自由に細胞内にはいり込むようになり、いわゆる"つかった"状態になる。この作用を図示すると図4-30のとおりである。

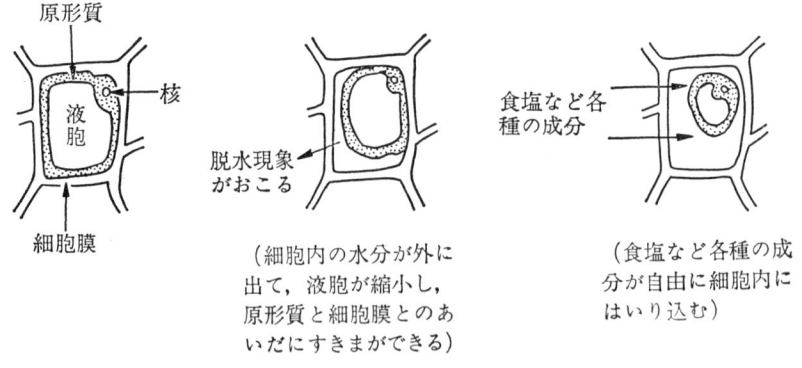

① 正常な生きた細胞　　② 濃い食塩水に浸せきしたときの細胞（細胞内の水分が外に出て、液胞が縮小し、原形質と細胞膜とのあいだにすきまができる）　　③ 脱水して死滅した細胞（食塩など各種の成分が自由に細胞内にはいり込む）

図4-30　浸透作用による細胞の変化

(イ) **酵素作用**　塩づけによって細胞が死滅すると，細胞内の酵素作用がさかんになり，自己消化によって成分を分解し，うま味成分を生成する。また，調味材料の米ぬか・酒かす・こうじなどに含まれる酵素の作用によって糖分やアミノ酸などのうま味成分を生成する。この結果，つけ込み当初塩味だけであったつけものは，酵素作用によって生成したうま味成分が浸透することによって独特の風味をもつようになる。

(ウ) **発酵作用**　食塩には，微生物の生育や酵素の作用を抑制するはたらきがあり，一定の濃度（7～10％）になると，腐敗菌の生育を抑制し，乳酸菌や酵母の繁殖をさかんにする（表4-23）。乳酸菌や酵母は，発酵に関与して，つけじるにしみ出た成分や原料中の成分を分

表4-23　食塩濃度と微生物の生育，貯蔵期間などとの関係

食塩濃度(％)	微生物の生育およびつけものの性状	利用されるつけもの
5以下	各種の細菌が繁殖して1～2日間で悪臭が出はじめる。そのため当座づけなどしかできない。	一夜づけ
7～8	腐敗の原因となる各種の細菌の生育はある程度おさえられる。酸味をつける乳酸菌の生育はさかんである。短期間のつけ込みにはよいが，長期の貯蔵には不適である。	ぬかづけ・かすづけ
8～10	腐敗の原因となる細菌の生育はかなりおさえられ，貯蔵性は高まるが，つけじるの表面に産膜酵母が発生し，そのまま放置すると腐敗する。[1] 乳酸菌の生育はさかんで，乳酸発酵がおこなわれ，貯蔵性とともにうま味ができる。	ピクルス・らっきょうづけ
15～17	食塩濃度が13％以上になると，腐敗菌の生育は困難になり，16％くらいで腐敗菌・乳酸菌とも生育を停止する。そのため，3～4か月の貯蔵ができるようになる。産膜酵母は発生するが，つけものの材料にはほとんど影響ない。	野菜類の下づけ・保存づけ
20以上	ほとんどの細菌類の繁殖・生育ともに完全におさえられる。数年間の貯蔵ができるが，つけもののうま味はできない。	長期の保存づけ，下づけ

注.(1) 産膜酵母は白いかびに似た被覆をつくり，乳酸を消費するので，一般に発酵に有害な作用をする。

解し，酸・糖・アルコール・アミノ酸などのうま味成分を生成する。これらの成分もつけものにしみ込んで風味を与える。

㈣ **食塩濃度と貯蔵期間** 食塩および乳酸発酵によって生成される乳酸は，腐敗菌の生育を抑制し，つけものに貯蔵性を与える効果をもつが，その効果は食塩濃度やpHによって異なる。食塩濃度と微生物の生育および貯蔵期間などとの関係は，表4-23のとおりである。一般に，食塩濃度が高いほど貯蔵性が高まり，貯蔵期間は長くなる。しかし，濃度が高いと，塩味が強くなり，風味がつきにくく食味をそこなうことになるので，貯蔵期間や風味との関係を考えて食塩濃度を決めなければならない。

(2) **つけものの歯切れ** つけものの歯切れのよさは，つけものの品質を決定する重要な要素である。歯切れのよさは，① 食塩が微生物や酵素作用を抑制して組織の軟化を防いでいること，② 食塩中に含まれているマグネシウムなどがペクチン質を硬化させて，ある一定の堅さを保持していることによって生ずる。そのため食塩を適量使うか，不純物を多く含む並塩を使うと，歯切れのよいつけものができる。

(3) **つけものの重石の役割** つけものをつけるばあいは，重石を使って重圧をかける。これは，脱水を早め，食塩の効果をよくし，つけじるを浸出させて空気との接触をさまたげ，変質を防ぐためである。

重石の重量は，原料の種類やつけものの種類によってちがうが，そのめやすは表4-24のとおりである。重石が重すぎると，つけものが

表4-24 重石の重量のめやす（原料重量に対する重石重量の割合，％）

原料	つけじるがあがるまで	つけじるがあがった後	取り扱いかた
葉菜類	70～100	30～60	水分の多いものは，はじめ重くする。
果菜類	100～120	50	なすなどは他のものより重くする。
根菜類	120～150	60～80	保存づけのばあいは重くする。

堅くなり，風味のないものができやすい。反対に軽すぎると，肉質のやわらかいつけものになる。

3. 塩 づ け

塩づけは，調味材料を使わず，野菜の風味をなるべく残しておくために食塩だけでつけ込むものである。塩づけには，食塩濃度を低くして比較的短期間つけて食べる **当座づけ** と，福神づけ・みそづけ・かすづけなどの原料をつくるための下づけとがある。

だいこんやうり類・はくさいなどの塩づけは，家庭でも簡単にでき，塩味のきいた風味が楽しめる。

(1) **はくさいの塩づけ** 原料にするはくさいは，堅く結球し，白色部が多く，心腐れのないものを選ぶ。とうがらし・ゆず・こんぶなどをいっしょにつけ込むと独特の風味がつくとともに，防腐の効果がある。これらの原材料の配合例を表4-25に示す。つけかたはつぎのとおりである。

① はくさいを水洗いした後，二～四つ割りにする。それを1～2日間陰干ししてつけると味がよくなる。

② 用意したつけだるは熱湯で殺菌し，水気をきっておき，つけ込

表4-25 はくさいの塩づけの原材料配合例（つけ込み期間10～15日）

原 材 料	配 合 量
はくさい（生）	10 kg
食　　　塩	350～500 g
とうがらし	5～6本
こんぶ（乾）	150 g
ゆ　　　ず	1個

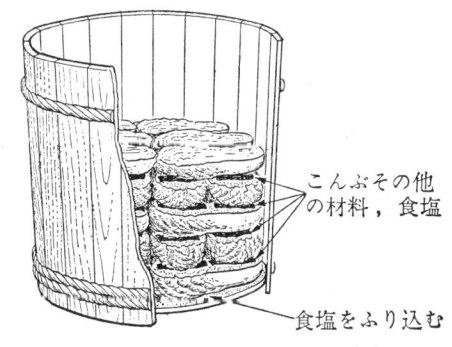

図4-31 はくさいの塩づけ方法

むまえに底部に食塩をうすくふり込んでおく。

③ はくさいの葉と葉のあいだに食塩をよくふり込み，切断面を上にしてすきまのないようにつけ込んでいく。とうがらし・ゆず・こんぶは，1段積むごとにはさみ込み，食塩も1段ごとにふり込む。

④ つけ終わったら，押しぶたをして重石をする。

⑤ 2～3日してつけ液があがってきたら，重石を軽くする。つけ込み後，約10～15日で食用にできる。

(2) **きゅうりの塩づけ**　きゅうりやなす・しろうりなどは，塩づけにして保存し，調味づけの原料に利用すると便利である。ここではきゅうりの塩づけ法について述べる。

(ア) **原料**　原料きゅうりは肉質がよくしまり，濃緑色でやや未熟なものがよい。原料はよく水洗いした後，水気をきっておく。

(イ) **下づけ**　きゅうり10 kg に対して，食塩1.5 kg を用いる。つけ込みかたは，はくさいの塩づけと同様であるが，一段ごとに食塩をよくふり込んですきまのないようにつめ込み，最終のつめ込みが終わったら表面に食塩をふり，押しぶたをして重石をする。2～3日でつけじるがあがってくる。つけじるがあがらないばあいは2～3 l の差し水をするとよい。下づけは4～5日間で終わる。下づけの終わったきゅうりの容積は，原料の容積の約50～60％に減っている。

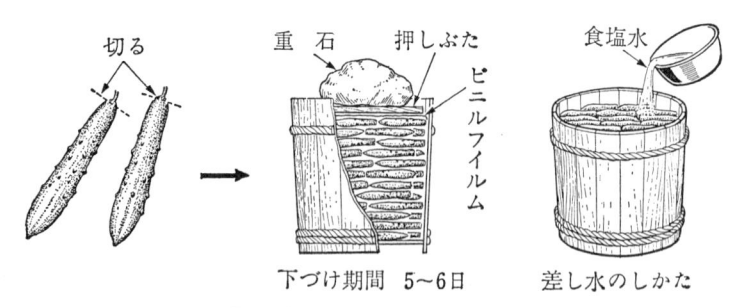

図 4-32　きゅうりの下づけ方法

(ウ) **本づけ** 本づけのしかたは、下づけのばあいと同様であるが、食塩の量は、つけ込み期間が短いときは下づけきゅうり容量の 6～10％、長期間つけるばあいは 10～15％ とする。重石は、原料重量と同じくらいがよい。

たるは風通しのよい冷暗所におく。貯蔵中に表面からの水分蒸発や、雑菌の混入を防ぐため、ビニルフイルムなどでたる全体を覆う。

4. たくあんづけ

たくあんづけは、だいこんを乾燥し、米ぬかと食塩でつけ込んだもので、つけ込み期間の長い**本づけたくあん**と、つけ込み期間の短い**甘づけ**および**中づけたくあん**とがある。

(1) **原材料** だいこんは、甘づけではみの早生、本づけでは関東地方では練馬系、関西およびその他の地方では宮重系が多く使われている。長さ・太さが適度で、色が白く肉質のよくしまったものを選ぶ。だいこんは水分を 90％ 以上含んでおり、そのままつけ込むと貯蔵性が劣り、調味成分の浸透もわるいので、ある程度乾燥し肉質をやわらかくしてからつける。

米ぬかは、砕米などの混入していないものを使う。かび臭のあるものや、異物の混入しているものは使わない。

米ぬか・食塩の配合割合は、つけ込み期間・食用期などによってちがうが、その一例を示すと表 4-26 のとおりである。なお、着色料と

表 4-26 たくあんづけの種類別原材料配合例

種 類	食 用 期	だいこんの乾燥日数	米ぬか (kg)	食 塩 (kg)	着色料 (g)
甘 づ け	翌年の 1～3 月	5～7 日	5.0～5.8	5.0～7.5	110
中 づ け	〃 4～5 月	10～12 日	4.2～5.0	8.3～10.0	130
本づけ(辛づけ)	〃 7 月以降	14 日以上	3.4～4.2	10.8～13.3	140

注. 干しだいこん 75kg (72 l 入りたる 1 本分) に対する量。

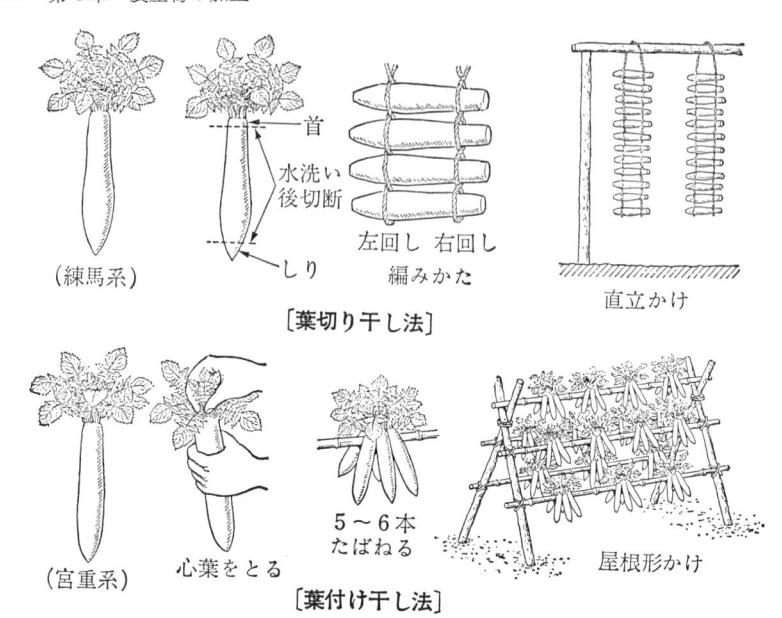

（練馬系）　　　　　　　　　首
　　　　　　　水洗い
　　　　　　　後切断
　　　　　　しり　　左回し　右回し
　　　　　　　　　　　編みかた　　　　直立かけ
　　　　　　　［葉切り干し法］

（宮重系）　心葉をとる　5〜6本たばねる　　屋根形かけ
　　　　　　　［葉付け干し法］

図 4-33　だいこんの乾燥の方法

してうこん粉，甘味料として砂糖を使うこともあるが，これらを使わなくても自然の風味と色調は得られる。

(2) **だいこんの乾燥**　収穫しただいこんは，凍らせないように注意し，選別後，水洗いする。乾燥の方法にはいろいろあるが，その一例を図 4-33 に示す。

種　類	曲がる程度
甘づけ	
中づけ	
本づけ	

図 4-34　たくあんづけの種類と乾燥程度

たくあんづけの品質は，乾燥のよしあしによって決まるといわれ，乾燥中に雨や霜に当てると品質がわるくなる。乾燥の程度は，貯蔵期間などによってかえる必要があり，図 4-34 を参考にする。

(3) **つけ込みかた**

① つけ込むたるやおけは，清潔で

においのないものを選び，つけるまえによく洗浄して乾燥させておく。また，水漏れしないたるを使う。

② 米ぬか・食塩その他の原料は使用量の少ないものから順に混合する。混合したものを**塩ぬか**という。

③ つけ込みは，図4-35の順序でおこなう。まず，たるの周囲に食塩をすりつけ，底には厚さ2cmくらいに塩ぬかをしく。だいこんは太さをそろえて，できるだけすきまのないように並べる。たるの周囲には短く太いものを並べる。だいこんと塩ぬかを交互につけ込むが，上段になるにしたがい塩ぬかの量を多くする。だいこんのつめかたは，練馬系のように長いものは **そろえづけ**，宮重系のように短いものは **さんまづけ** とする。

④ つめ終わったら，だいこんの干し葉をのせ，押しぶたをして重石をのせる。多量につけ込み，たるが2～3個以上あるばあいは，図

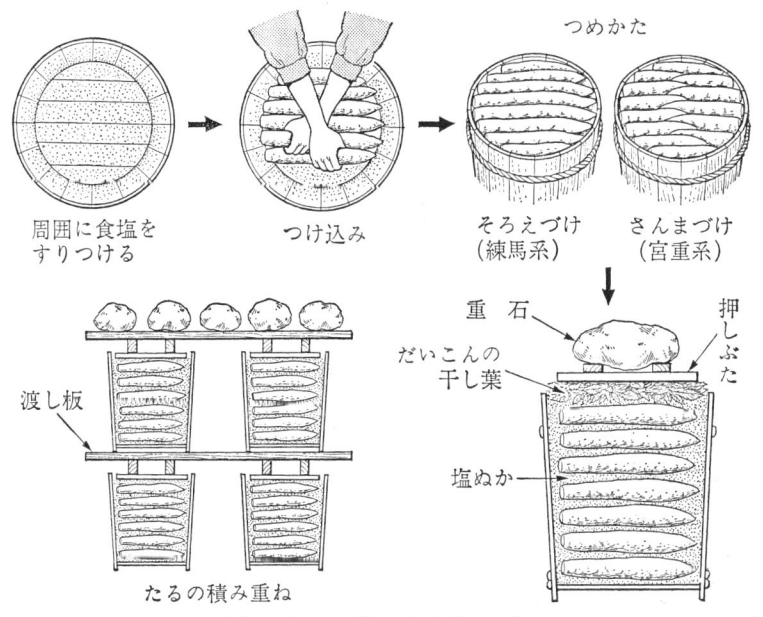

図4-35 つけ込みと貯蔵の方法

4-35のようにたるを積み重ねて重石のかわりとする。

⑤　つけ込み後数日すると，つけじるがあがってくるが，つけじるがつねに押しぶたの上に少量あるように重石を調節する。

⑥　甘づけは，短期間に熟成させるため，温暖な場所におく。中づけや本づけは冷涼な場所に貯蔵し，長期間かけて熟成させる。

5.　らっきょうづけ

らっきょうづけは，酢づけの代表的なもので，独特な香りと風味がある。酢づけは，酢酸の作用で微生物の繁殖をおさえ，保存しやすくしたものである。

(1)　**原　料**　　原料のらっきょうは小粒で形のそろったものを使う。らっきょうは，夏の高温時に収穫されるので，収穫後そのまま放置するとすぐ芽を出し，つけものに適さなくなる。そのため収穫後なるべく早くつけ込むようにする。

(2)　**塩づけ（下づけ）**　　らっきょうを水洗いした後，両端をほうちょうで切り取る。原料の配合割合は，らっきょう3kg当たり食塩

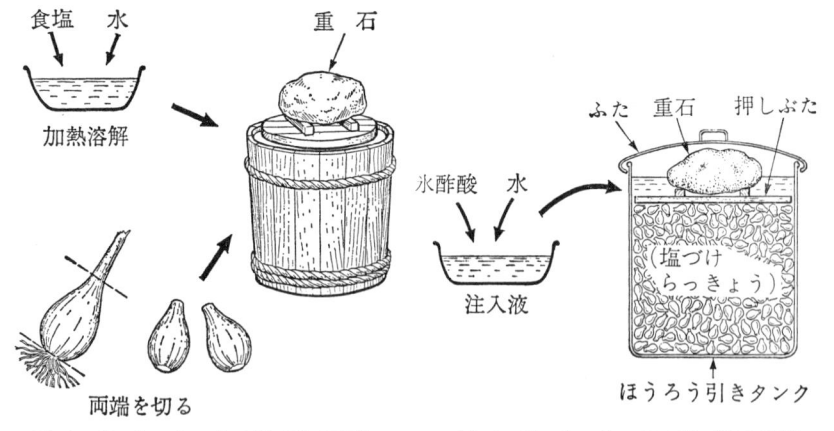

図 4-36　らっきょうの塩づけの方法　　　図 4-37　らっきょうの酢づけの方法

300 g, 水 1.5 l くらいが標準で, 食塩は水に溶かして使う。つけかたは, 図4-36のとおりである。重石は原料重の半分程度とする。4～5日でつけじるがあがってくるので, 重石をとり, らっきょうがつけじるにつかる程度に押しぶたをして約1週間つけ込む。

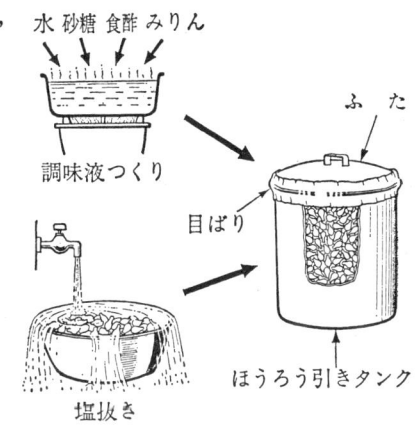

図 4-38 仕上げづけの方法

(3) **酢づけ（中づけ）** 塩づけしたらっきょうは, 脱塩と風味をよくするために酢づけする。塩づけらっきょう 2 kg に対して, 水 1 l, 氷酢酸 50 m l くらいの割合でつけ込み, 押しぶたをして重石をする（図 4-37）。つけ込み期間は約2～3週間である。

(4) **仕上げづけ** 酢づけしたらっきょうは, さらに調味液につけると風味を増す。まず, 酢づけらっきょうを流水中で4～5時間塩抜きし, タンクに入れる。調味液は, らっきょう 1 kg 当たり食酢 200 m l, みりん 100 m l, 水 100 m l, 砂糖 200 g くらいを溶解して, とうがらし3～4本を混ぜてつくる。調味液は, 一度煮たてた後, 冷却してタンクに注入する（図 4-38）。つけ込み期間は 10～15日である。

なお, 酢づけ・仕上げづけには, ほうろう引きのタンクや木製のたるを使う。

6. 福神づけ

(1) **原料の調整** 福神づけは, 下づけあるいは干した数種類の野菜を細かくきざんで混ぜ, 調味液につけ込んだものである。福神づけ

表 4-27 福神づけの原材料配合例

原材料	重量(kg)	摘要
だいこん	22.5	塩づけまたはたくあんづけ・切り干しだいこん
なす	7.5	塩づけ
しろうり	2.75	塩づけ
れんこん	2.75	塩づけ
なたまめ	1.25	塩づけ
しょうが	0.40	生根しょうが
しその実	0.25	塩づけ

の原材料配合例を示すと，表 4-27 のとおりである。下づけしただいこん・なす・しろうり・れんこんは3mmくらいに細かくきざみ，干しだいこんは水を通して水分を吸収させてからきざむ。なたまめはうすく輪切りにし，しょうがは千切りにし，れんこんは湯につけてあく抜きをする。細切りした原料は数時間から一昼夜流水につけ，食塩が10％以下になるまで塩抜きする。

(2) **圧搾** 塩抜きした野菜はざるにあげ，水を切った後，圧搾して水分を除き，水分を40〜50％とする。圧搾は原料別におこない，圧搾後はかたまりをほぐしてよく混ぜ合わせる。

(3) **調味液およびつけ込み** 調味液はしょうゆ・砂糖がおもな原料であるが，みりん・グルタミン酸ソーダ・氷酢酸を加えることもある。また，砂糖のほかに水あめなどを使ってもよい。まず，しょうゆ18lを加熱し，砂糖を7.5kg加え，沸騰させてたるに入れ，これに圧搾・混合した野菜を入れてつけ込む。夏は4〜5日，冬は1週間つけて製品とする。

§6. ジャム・マーマレード加工

1. ジャム・マーマレード加工の特徴

ジャムは、おもに果実を原料として、砂糖を加え、煮つめてゼリー状に凝固させたもので、いろいろな果実からつくることができる。野菜類のにんじんやかぼちゃなどを使うこともある。ジャムに類似して、果実の原形をいくらか残したものをとくに **プレザーブ** とよんでいる。

マーマレードは、果実を原料として、果じゅうに果実の果皮や果肉の細片を入れてゼリー状に凝固させたもので、わが国ではおもにかんきつ類を使っているが、りんごやなしを使うこともある。

ジャムやマーマレードは、パン食を主とする欧米では欠かせない食品であるが、わが国でもパン食や菓子類の消費の増大にともない、消費量がふえてきた。

ジャムやマーマレードは、地域で生産される果実類を利用して比較的容易につくることができるが、いかにじょうずにゼリー化させるかが、つくりかたの要点である。

2. ジャム・マーマレードの製造原理

(1) **ゼリー化とその要因**　ゼリーが形成されるには、ペクチン・酸および糖の3成分が必要である。この3成分が一定の割合になったとき、加熱によってゲル状に凝固し、ゼリー化する。

(ア) **ペクチン**　ペクチンは未熟な果実では、水に不溶性のカルシウムやマグネシウムの塩類となってセルロースと結びついている。この状態のものをプロトペクチンといい、果実が成熟するにつれて水溶性のペクチンになる（図 4-39）。この変化は加熱したばあいにもおこる。さらに過熟になると、水溶性のペクチンはペクチン酸になる。

表 4-28 果実類のペクチンの含量（単位：％）

果実の種類	ペクチン含量
り ん ご	0.84～2.27
オレンジ	1.24
あ ん ず	1.03
も も	0.66～0.87
い ち ご	0.38～0.69

（表 2-11 と同じ資料による）

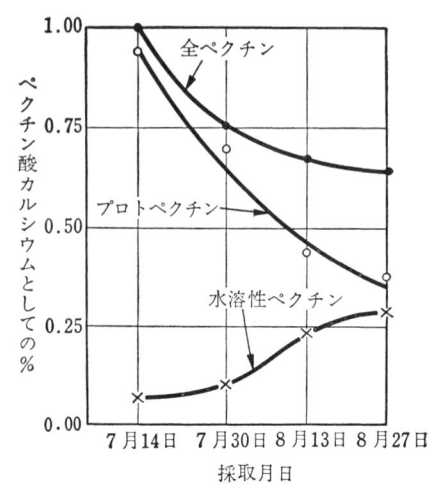

図 4-39 ぶどうのペクチンの変化
（HOPKIN らによる）

この変化は加熱を長時間おこなったばあいにもおこる。ゼリー化に必要なものはペクチンやプロトペクチンで、ペクチン酸はゼリー化しない。したがって、ジャムの原料には、果実中のペクチンの分解が少ないやや未熟の果実が適している。

なお、果実中に含まれるペクチンの量によって果実をおおまかに分類すると、つぎのとおりである（表 4-28 参照）。

1) ペクチンが多いもの　りんご・かんきつ・ぶどう・すぐり・いちじく・おうとう・あんず、完熟しないもも。
2) ペクチンが中くらいのもの　びわ・欧州系ぶどう、完熟したりんご。
3) ペクチンが少ないもの　いちご、完熟したもも・西洋なしおよびその他の過熟果。

(ｲ) 酸　果実に含まれている酸は、果実によって種類や含量が異なるが、ゼリー化に必要なのは酸の種類や量ではなく pH である。pH が高いと、ペクチンや糖の条件がそろっていてもゼリー化しない。pH の範囲が 2.8～3.6 であればゼリー化するが、酸が多すぎると（pH

3.0以下）ゼリー化しても貯蔵中に水分を分離するので，pH 3.2～3.5に調整するのがのぞましい。各種果じゅうのpHは表4-29のとおりである。酸が少ないときは，くえん酸を多く含むレモンなどを混用するとよい。

表4-29 各種果じゅうのpHの一例

果じゅうの種類	pH
レモン	2.4
オレンジ	2.8
パインアップル	3.1
りんご	3.3
おうとう	3.3～4.7
なし	3.4～4.2
もも	3.6

（尾崎準一監修「果汁果実飲料ハンドブック」昭和42年による）

(ウ) 糖　糖は，ゼリーを一定の形に保つ役割をはたしている。糖濃度は，約65％がよいとされており，果実中の糖だけでは不足するので，一般に砂糖を加えるが，ぶどう糖や水あめを使うこともある。使う糖の種類によってゼリーの堅さや性質が多少異なる。ぶどう糖を使うと，砂糖を使ったばあいにくらべて，堅くて弾力に乏しいゼリーができる。

(2) 加糖量の決定　よい製品をつくるためには，原料中のペクチンの含量と質，酸の量およびpHに応じて，ゼリー化に適した量の糖を加えることが必要である。一般にペクチンの量が一定のとき，酸のpHが低ければ加糖量は少なくてよく，酸のpHが高ければ加糖量は多く必要とする。

ペクチンの含量はアルコールテストによって，酸度はpH試験紙によってある程度知ることができる。アルコールテスト[1]は，試験管に果じゅうを4～5 mℓ取り，これに同容量の95％アルコールを入れて混合し，沈殿の状態からペクチンの含量を判定する方法である。ペクチン含量の判定と砂糖の添加量の基準は，表4-30のとおりである。

酸度の測定には，pH 3～5をはかれるpH試験紙を使う。

(3) 濃縮・仕上げ点の判定　適度な堅さのジャムをつくるには，

---

(1) くわしくは222ページ実験 4. 参照。

表 4-30 アルコールテストによるペクチン含量の判定基準と砂糖の添加量

状　　　　態	ペクチンの含量	砂　糖　の　添　加　量
1. 全体がゼリー状の堅いかたまりとなる	多　　量	果じゅうと同容量
2. ゼリー状のかたまりが沈殿する	中　　量	果じゅうの1/3〜1/2量
3. 全体が液状で，細かい沈殿を生ずるか，あるいはまったく生じない	少量あるいはまったく存在しない	1, 2の程度の反応がおこるまで煮つめるか，または他のペクチン含量の多い果じゅうあるいは粉末ペクチンを加えて調整した後，加糖する

　濃縮の仕上げ点（ゼリー化に必要な糖度は65〜70％）を正確に判定することがたいせつである。濃縮の仕上げ点の判定を誤ると，ゼリー化がわるくなるばかりでなく，風味や光沢をそこなう。

　濃縮の仕上げ点の判定法は，つぎのようである。

　(ｱ)　**へら法**　　煮たっているジャムをしゃもじかスプーンですくって滴下してみる。ゼリー状にかたまって，落下しない状態であれば仕上げ点とする（図 4-40）。

　(ｲ)　**コップ法（水中落下法）**　　冷水を入れたコップにジャムを少量滴下してみて，底までかたまって落ちれば仕上げ点とする（図 4-41）。

　(ｳ)　**屈折糖度計法**　　屈折糖度計で糖度をはかり，糖度が65〜70％

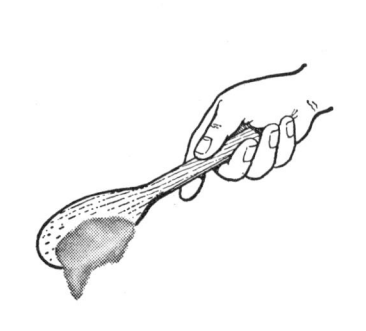

図 4-40　へら法　　　　　　　図 4-41　コップ法

ゼリー化不良　　ゼリー化良好

以上の目盛りを示せば仕上げ点とする。

㈤ **温度計法**　煮つめ温度で判定する方法で，濃縮液が 104～105 °Cになったら仕上げ点とする。

3. 製造上の留意点

(1) **原料の選択**　原料果実の色や味・香りは，製品の品質に影響する。原料果実は適当な熟度で，色調・香りともにすぐれているものを使う。とくに果実類の出盛り期に製造するので，甘味や酸味が強く，ペクチン含量の多い果実を選んで原料にすることがたいせつである。

(2) **製造工程**　果実のもつ風味や色調を失わせないため，濃縮は短時間（15～20分程度）でおこなう。また果実には有機酸を含むので，使う器具や容器類は，ステンレス鋼製・ほうろう引き製などを使用する。銅製のものは有毒化合物を溶出し，鉄製のものは製品の色や香りをわるくする。また，一度に大きな容器を使って多量につくるよりも，小さな容器を使い，少量に分けて濃縮すると良質のものができる。

(3) **貯　蔵**　ジャムやマーマレードは，100～105 °Cの温度で濃縮され，糖度も高く，pH も 3～4 と低い。そのため殺菌された容器に密閉すればほとんど腐敗しない。しかし長期間貯蔵するばあいは，熱いうちにびんに密閉し，80～100 °Cで 5～10 分間びんごと殺菌する。

4. いちごジャム

いちごジャムには，果実をすりつぶしてつくるものと，果実の形をできるだけ残して仕上げるプレザーブスタイルのものとがあり，一般にプレザーブスタイルのものが好まれる。

(1) **原料の選択**　ジャム用のいちごは，中粒で肉質がしまり，鮮

紅色で果肉の内部まで着色し，甘味・酸味ともに強く香りのあるものがよい。わが国では，ダナー・幸玉・マーシャルなどが使われる。

(2) **製造法**　いちごジャムの製造工程を示すと図 4-42 のとおりである。

(ア) **原料の処理**　原料いちご 5 kg に対して砂糖 4～4.5 kg が必要である。収穫直後のいちごのへたを芯を残さないようにていねいに取り，水洗いして土砂やへたくずを除く。

(イ) **濃　縮**　水切りしたいちごをなべに入れ，はじめは弱火で静かにかき混ぜながら，焦がさないように加熱する。

赤色のじゅう液が出てきたら，用量の砂糖（原料いちごの重量比で 80～90％量）の 2 分の 1 量を加え，果形をこわさないように混合する。果粒がじゅう液に浮く程度になったら，残りの砂糖を全量加えて

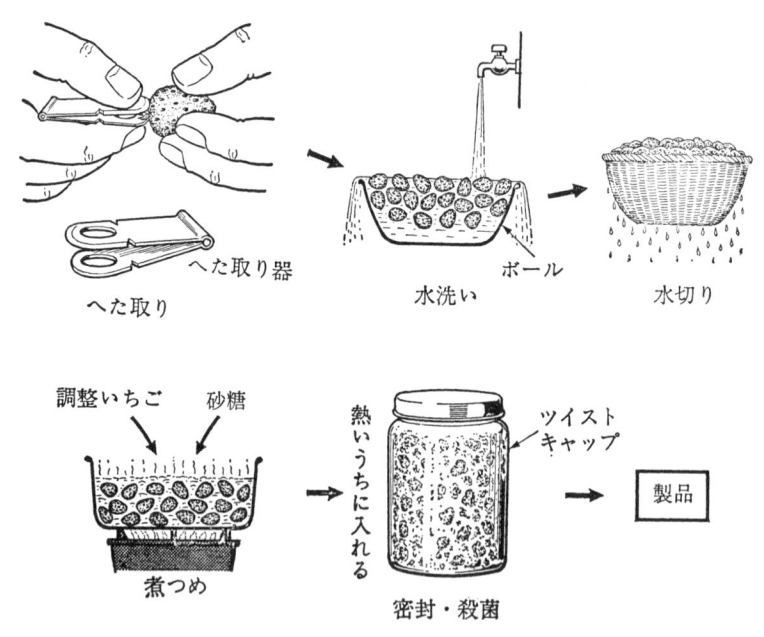

図 4-42　いちごジャムの製造工程

強火で短時間に煮つめる。

濃縮中に白いあわが浮き出てくるが，これはたんぱく質などが凝固したもので，濃縮後，スプーンなどですくい取るか，ろ紙か和紙などに吸着させて除く。

(ウ) **仕上げと貯蔵** 仕上げ点の判定法（143ページ）により仕上げ，できあがったジャムは，熱いうちに殺菌したびんにつめ，密封して貯蔵する。

5. オレンジマーマレード

オレンジマーマレードは，かんきつ類の果皮の香りと苦味，美しい色調が好まれる。一般に生産量が多く安価な夏みかんが使われているが，香りが不足するので，だいだい・はっさく・ネーブル・レモンなどを混用して香りをよくする。

(1) **原 料** 夏みかんは，着色がよく，果面に傷のないものを選ぶ。苦味が強いので，苦味抜きの操作が必要である。原料果実5kgに対して砂糖5kgを必要とする。

(2) **原料の処理** 付着している土砂や果面の汚れを洗い落とす。果実は図4-43の要領で二つ割りにした後，果じゅうをしぼる。

果じゅうは，ろ過して果肉や種子を除く。

(3) **果皮の調整** 果肉を除いた果皮は，さらに二つに分割してそれぞれ先端と両側を切り取り，幅3cmのたんざく形に切る。これをさらに厚さ0.8～1.0mmに細切りする（図4-43）。

うす切りした果皮は，20～30分間水煮して苦味を除くとともに，やわらかくした後，約30分間水さらしをし，水切りする。

(4) **ペクチン液の調整** 果じゅうのペクチン含量だけではゼリー化に不足するので，残りの果皮と搾じゅうした果肉部のかすからペク

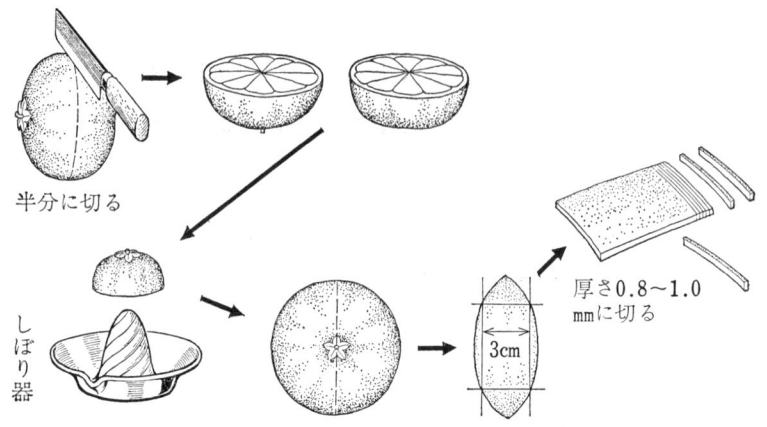

半分に切る　　　　　　　　　　　　　　　厚さ0.8〜1.0
　　　　　　　　　　　　　　　　　　　　mmに切る
し
ぼ
り
器

　　果じゅうをとる　外皮を二つ割りにする　たんざく形に切る
　　　　　図 4-43　夏みかんの果皮の調整の方法

チン液を抽出する。細切した材料を 1〜1.5 倍の水を加えて 30〜40 分間煮沸した後，こし袋でしぼり，搾じゅう液をつくる。これをペクチン液とする。多量のばあいは圧搾機を使ってしぼる。

(5) **濃　縮**　果じゅう 2，ペクチン液 2，混合果皮 1，砂糖 3〜5 の割合に配合する。まず果じゅうとペクチン液をなべのなかで加熱し，煮たちはじめたら混合果皮を入れる。

果皮がよく煮えたころ，用量の砂糖を 3 回に分けて入れ，加熱・濃縮する。砂糖はあまり煮つまってから加えると，果皮が堅くなるので注意する。煮つめは強火で短時間におこなう。

(6) **貯　蔵**　仕上がったマーマレードはあわを除き，80°C くらいになったらびんにつめ，密閉して貯蔵する。

§7. 果じゅう加工

1. 果じゅう加工の特徴

　果実は, 人体の生理上重要な有機酸や無機質・ビタミン類を豊富に含み, 搾じゅう直後の生の果じゅうは栄養や保健上価値が高い。果じゅうを加工した飲料を**果実飲料**（ジュース類）とよび, 果じゅうが100％含まれている飲料を**天然果じゅう**, 果じゅうに果肉部分を破砕して混入したものを**果肉飲料**(1)とよんでいる。果実飲料の製造には, 搾じゅう機やろ過機などの用具を必要とするために, 一般の家庭では工場生産されたかん・びんづめ製品を飲用しているが, 市販品は, かんのすずが溶出したり, 保存料や人工甘味料などの添加物が使われていたりして, その有害性が問題となることがある。近年は, 栄養知識が普及したことと, 自然食への関心が高まったこととから, 簡単な搾じゅう機を使用して, 手づくりの新鮮な天然果じゅうを飲用する人々がふえている。

　農家では, 新鮮な原料が容易に入手できるので, 自家生産物の有効利用の立場から, 自家飲用の果じゅうは自家加工に心がけたい。

2. 果じゅう加工の要点

(1) **原料果実と果じゅうの品質**　果じゅうは, 果実を圧搾

図 4-44　簡単な搾じゅう機

---

(1) ネクターの名称で市販されている。

して得られるので, パルプ(1)の少ない多しょう(漿)質の果実が適しており, みかん類・ぶどう・トマト・りんごのほか, 西洋なし・ももなども使われる。

果じゅうの品質を左右するもっとも大きな要因は, 果実特有のうま味と香りなどの風味である。原料果実のもっているうま味・香り成分を安定した状態でできるだけ多く移行させるように心がける。

(ア) **果じゅうのうま味** 一般に果じゅうのうま味をあらわすのに糖酸比(甘酸度)が使われる。これは果じゅう中の糖の含量を酸の含量で割った値で, この値が大きいほど甘味が強い。一般に糖酸比は10以上がよいとされるが, そのためには酸の含量にくらべて糖が多量に含まれていなければならず, 果実としては甘味の強いものが要求される。

表 4-31 りんごの品種別糖酸比の比較

品種別	酸(%)	全糖(%)	糖酸比
旭	0.857	9.856	11.50
国光	0.455	11.200	24.16
紅玉	0.576	11.430	19.84
デリシャス	0.268	10.200	38.05
祝	0.428	9.793	22.88

(表 2-11 と同じ資料による)

表 4-32 果実類の香り成分

果実の種類	香り成分
りんご	酢酸イソアミール・ぎ酸アミール
なし	ぎ酸イソアミール
かんきつ類	リモネン・シトラル
もも	ぎ酸エチル
いちご	アセトアルデヒド

(表 2-11 と同じ資料による)

糖酸比は果実の種類・品種・熟度・産地によって異なる。そのため原料果実の選択には糖酸比の高い品種を選び, 完熟したものを収穫する必要がある。

表 4-31 は, りんごの品種別糖酸比を比較したものである。

(イ) **果じゅうの香り** 果じゅうの香り成分は, 脂肪酸エステルやアルデヒド類・テルペン類・酸類などで

(1) 水に不溶性の微細な固形物をいう。

ある。おもな果実の香りの基本となる成分を示すと表4-32のとおりである。香り成分も果実の熟度によって異なり，完熟したものがもっとも香りが強い。

　(2) **混濁果じゅうと透明果じゅう**　りんご・ぶどう・いちごの天然果じゅうは一般に透明であるが，かんきつ類の天然果じゅうは混濁している。かんきつ類の色素であるカロチノイドは，水に溶けない性質があり，果じゅう中では微粒子となってパルプに吸着されている。かんきつ類の果じゅうが混濁しているのは，このような原料の性質によるものである。果じゅうを透明にしようとしてパルプまで除くと，果じゅうの美しい色が失われ，品質がわるくなるので，透明果じゅうがつくれない。

　一方，りんご・ぶどうなどは，色素が水溶性なので，透明果じゅうにしても美しい色を保つことができるが，清澄してパルプを除くと，果じゅうの味・香りなどの風味がわるくなることがある。

　(3) **果じゅうの貯蔵中の変化と脱気・殺菌**　果じゅうは，貯蔵中に成分や色などが変化することがある。この変化はおもに果じゅう中に含まれる微生物や酵素あるいは酸素によっておこるものである。たとえば，混濁果じゅうがいつの間にか透明になったり，果肉が沈殿したりするのは果じゅう中に含まれているペクチン分解酵素によって，ペクチンが分解されるためである。

　貯蔵中の化学変化を防ぐためには，脱気・殺菌を完全におこなうとともに，酵素を不活性化することがたいせつである。また，ビタミンCなどの変化は貯蔵温度に影響され，5°Cくらいの低温では変化が少ないが，5°C以上になるといちじるしい変化をおこす。

3. みかん果じゅう（オレンジジュース）

みかん果じゅうは，かんきつ類を原料としてつくられ，わが国ではもっとも消費量が多い果実飲料である。原料としては，温州みかんが適しているが糖度が8〜10％程度で甘味がうすい。そのため砂糖を加えて調整する。また，色はすぐれているが香りに乏しく，酸味も少ないので，夏みかんやオレンジ類を混入し，新鮮なさわやかな風味にして飲用される。

みかん果じゅうの製造工程は，図4-45のとおりである。

(1) **原料の処理**　原料の温州みかんは，損傷果・病害果・未熟果などを除き，じゅうぶんに水洗いし，土砂やごみなどを除く。はく皮を容易にするため85〜90°Cの湯に1〜2分間湯通しした後，皮をむくか，そのまま2分割する。夏みかんも同様に処理する。

(2) **搾じゅう**　はく皮してから搾じゅうするばあいは，圧搾機が

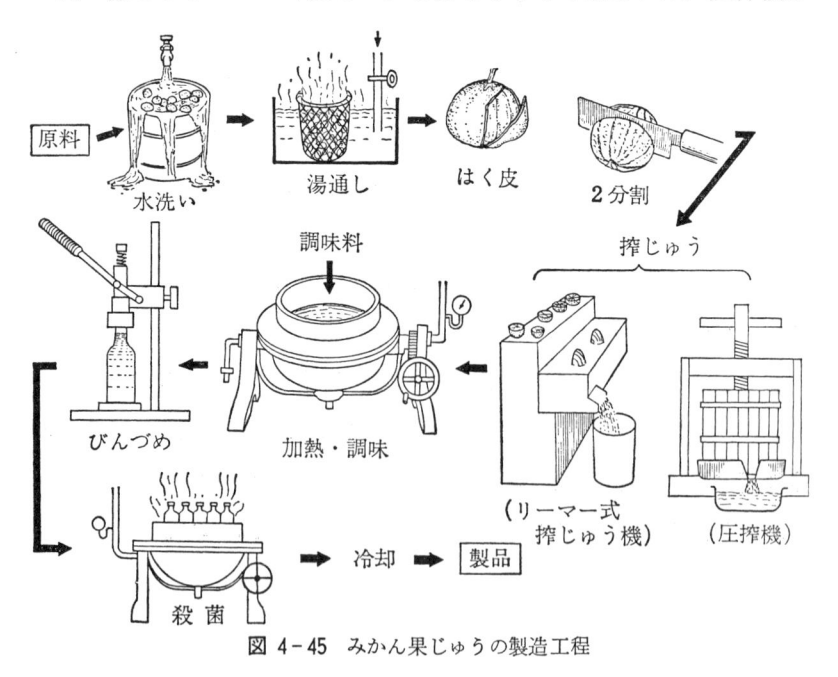

図4-45　みかん果じゅうの製造工程

使われ，外果皮をつけたまま（2分割したもの）搾じゅうするばあいはリーマー式搾じゅう機などが使われる。簡便法としては，手押しの搾じゅう器やジューサーが市販されているので，それを使って搾じゅうする。

(3) **ろ過と調味** 果じゅうには，種子や果肉片などが混入しているので，それらをろ過または裏ごしして除く。果じゅうはパルプを完全に除くと風味や色が劣るため，約10％量の固形物は残し混濁果じゅうの形で飲用するとよい。

温州みかんだけでは，甘味に乏しく，風味も劣るので，砂糖を加えて糖度を12～13％程度とし，酸度を0.35～0.5％とする。それに夏みかんの果じゅうを，果じゅう量の10％量加えて風味を与える。

(4) **殺菌と充てん**　70～75℃で15～20分間加熱殺菌した後，あらかじめ殺菌したびんに充てんして密封する。

びんづめしたものを，さらに80℃で20～30分間殺菌し，冷却して製品とする。長期間保存しないばあいは，充てん後，ただちに冷却して冷暗所に保存するとよい。

4. ぶどう果じゅう（グレープジュース）

ぶどう果じゅうは，香り・色調のよい飲料である。果じゅう中に含まれる酒石酸・ペクチンなどが貯蔵中に沈殿するので（**おり**という），これを取り除いて製品とする。ぶどう果じゅうの製造工程のあらましは図4-46のとおりである。

(1) **原料と処理**　原料ぶどうは，マスカットベリーA・キャンベルアーリーなどの赤ぶどう，ネオマスカットや甲州ぶどうなどの白ぶどうのいずれでもよい。ぶどうは，完熟した風味のよいものを選び，未熟果や腐敗果・損傷果などを除き，よく水洗いして土砂や農薬など

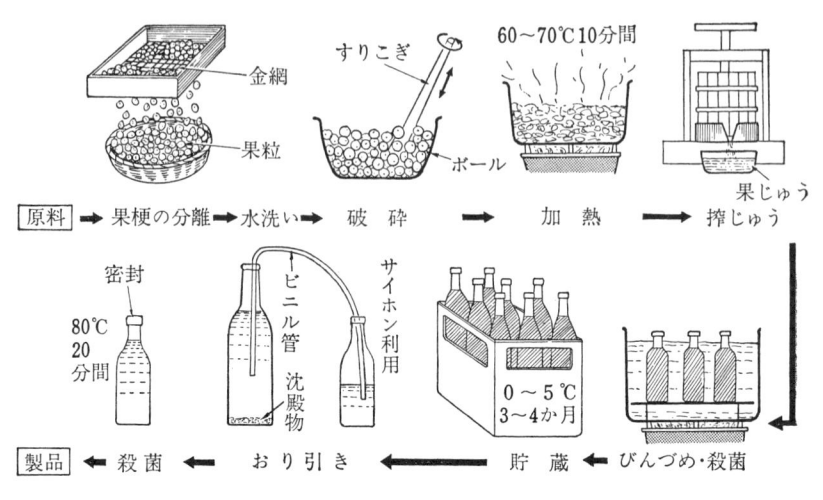

図 4-46　赤ぶどう果じゅうの製造工程

を洗い流す。果粒は果梗（かこう）から分離する。

(2) **破砕と搾じゅう**　果粒をステンレス鋼製ボールかほうろう引きボールに入れ，手でつかみつぶすか，すりこぎなどで破砕する。赤ぶどうのばあいは色素の溶出をよくするため，65～70°Cで10～15分間加熱する。温度が高いと香りや風味がわるくなるので注意する。白ぶどうはそのまま破砕する。色素の溶出をよくし，搾じゅうの収量を多くするため，じゅうぶんに破砕する。

搾じゅうは圧搾機を使うのがよいが，圧搾機がないばあいは裏ごし器か目のあらいふるいを使って果皮や果肉・種子を分離した後，こし布でよくしぼって果じゅうを採取する。搾じゅう率は，65～70％で原料6kgから180ml入りびん20～22本分の果じゅうが得られる。

(3) **殺菌と充てん**　搾じゅうした果じゅうは，殺菌したびんにつめて密閉した後，80°Cで20～30分間加熱殺菌する。殺菌したものは放冷して0～5°Cの冷蔵庫に貯蔵する。

(4) **おり引きと殺菌**　3～4か月貯蔵しておくと，酒石酸やペク

チン質が沈殿する。じゅうぶん沈殿したら上澄み液を，パイプを使ったサイフォンを利用して取り出す。取り出した上澄み液に砂糖などを加えて調味した後，ふたたびびんにつめて密封し，80°Cで20分間殺菌する。殺菌したものはただちに冷却し貯蔵する。

5. トマトジュースとその他のトマト加工品

(1) **トマト加工品の種類**　トマトがわが国で栽培されるようになったのは，明治以降であるが，導入された当初の品種は青臭みが強く，日本人の好みに合わなかったため，洋食の色どりに使われる程度であった。

昭和の初期に青臭みの少ない品種が導入されてから急速に栽培がひろまり，現在では生食用果菜類として重要な食品であるばかりでなく，加工用としても多量に生産され利用されている。

トマトの加工品の種類は，表4-33のとおりである。トマトジュース・かんづめ以外はいずれも調味料として使われる。

トマトは魚や肉といっしょに調理するとにおいを消し，さわやかな風味をつける効果があり，欧米諸国では古くから調理用に使われてい

表 4-33　トマト加工品の種類と特性

加工品の種類	加工品の特性と原料
トマトジュース	搾じゅうし種子と果皮を除き，少量の食塩を加えたもので，加熱殺菌し貯蔵する。
トマトピューレ	トマトを破砕し，裏ごしして種子と果皮を除いて濃縮したもので，各種のトマト加工品の原料として使われる。
トマトペースト	トマトピューレをさらに濃縮して，全固形分を製品中の25%以上にしたものである。
トマトケチャップ	トマトピューレに香辛料・食塩・酢・砂糖などを加えて濃縮したもので，全固形物は製品中の25%以上とする。
トマトかんづめ	完熟したトマトをはく皮して少量のトマトピューレを入れてかんづめにしたものである。トマトピューレを入れないものもある。

た。わが国ではチキンライスやお好み焼きなど日本的な料理の味つけやケチャップ煮などに使われている。

(2) **原料の選択** トマト加工品は，トマトの風味とともに，美しい赤色をもっていることが必要である。トマトの品種には桃色系のものと赤色系のものとがあるが，加工用には赤色系のものが適している。加工に使われるおもな品種はつぎのようである。

有支柱栽培用——大豊・マスター2号・赤福3号など。

無支柱栽培用——くりこま・H1370・K117・だるまなど

原料トマトは，均一に着色した完熟果で肉質のしまったものがよい。緑色の部分が残っていると，葉緑素が加熱によってかっ変化し，製品の色がわるくなる。そのため，緑色部の残っているものは追熟して完全に赤色になるまで貯蔵してから加工に利用する。また，ペクチン質や可溶性固形物の多い品種がよい。

(3) **トマトジュース** トマトは，ビタミンC・カロチンなどのビタミン類を多く含み，トマトジュースの形で飲用すると保健飲料としての価値が高い。殺菌してびんづめ・密封すると保存できるが，加熱殺菌をじゅうぶんにしなければならないので，風味や栄養成分が破壊されるばあいが多い。家庭でつくるばあいは，生のまま飲用するのがよい。

二重がまやパルパー・フィニッシャーを使ったトマトジュースのつくりかたはつぎのようである。

① トマトは皮つきのままつぶすので，じゅうぶんに水洗いをし土砂や農薬などを洗い落とす。

② 腐敗・変色部などを取り除く。加熱や破砕がよくおこなわれるように6～8等分に細かくきざむ。

③ 二重がまのなかで80°Cまで加熱する。加熱でペクチン分解酵

§ 7. 果じゅう加工 157

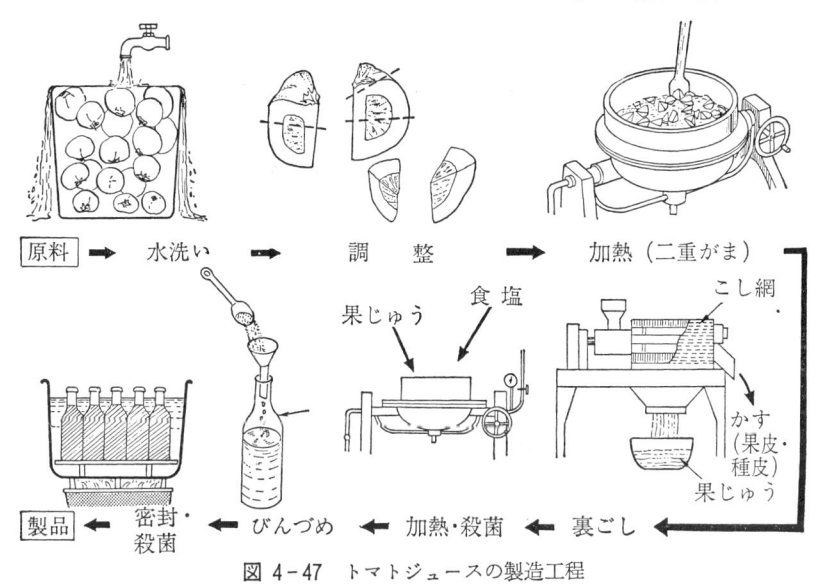

図 4-47 トマトジュースの製造工程

素は不活性化され，また果じゅうの収量が多くなる。

④ 加熱したものをパルパー・フィニッシャーにかけて，種子や果皮を除き，果じゅうだけを分離する。原料の 70～85％量の果じゅうが得られる。

⑤ 調味のため，原料の約 0.5～0.7％量の食塩を加える。そのほか少量の化学調味料や砂糖を加えてもよい。

⑥ 調味の終わったものは，90°C まで加熱し，あらかじめ殺菌したびんにつめて密封する。これを 90～95°C で約 30 分間殺菌する。

⑦ 製品は冷却した後，冷暗所に保存する。

(4) **トマトピューレ**

(ア) **原料の処理**　原料トマトはよく水洗いして土砂・農薬などを除き，へたおよび緑色部を切り取る。これをチョッパーかクラッシャー（破砕機）で破砕し，85°C くらいに加熱する。破砕したトマトは，裏ごしする。裏ごしして得られたものをトマトパルプという。

(イ) **濃縮** トマトパルプは，一般に開放式の手なべ・二重がまで濃縮する。最近は真空濃縮法がおこなわれており，短時間低温でおこなうので，色や品質のよい製品が得られる。

濃縮の終わったものは，粒子を細かくするため，パルパーより目の細かいフィニッシャーで裏ごしする。

(ウ) **充てんと殺菌** 裏ごししたものは，びんまたはかんにつめて殺菌する。小量のばあいは，100°Cで10分間加熱殺菌するが，18ℓ入りかんにつめるばあいは，あらかじめ殺菌したかんに熱いうちにつめて密封するだけで，加熱殺菌を省略することが多い。

(5) **トマトケチャップ** トマトケチャップは，トマトピューレに香辛料と調味料を加えて，全固形物が製品中の25～30％になるまで濃縮したものである。香辛料・調味料の配合割合は，製造業者によって異なり，消費者の好みに合わせていろいろくふうされている。

6. 生ジュース（野菜ジュース）

新鮮な野菜ジュースは，栄養的にも保健的にもすぐれているといわ

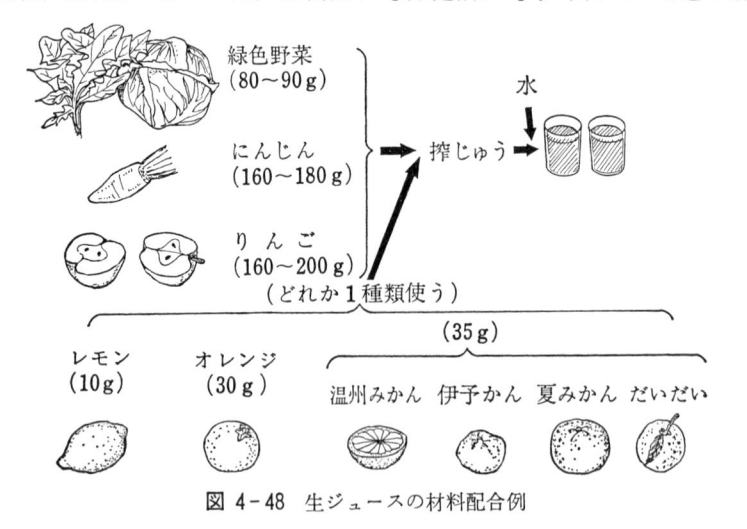

図 4-48 生ジュースの材料配合例

れているが，一般に青臭みが強く飲みにくい。そのため，にんじんや果実を加えて，青臭みを消して，飲みやすくするとよい。

　図4-48は，生ジュースの材料配合例である。これらの材料を細かくきざんで，ジューサーや簡単な器具を使って搾じゅうする。生ジュースはそのまま飲むか，砂糖・牛乳などで調味して飲用する。

§8. シラップづけと水煮加工

1. シラップづけ

シラップづけは,果実を調整して,一定濃度のシラップ(砂糖溶液)とともに,かんまたはびんにつめた保存食品である。季節の果実を長期間保存し,適度の甘味をつけておいしく食べることを目的とした食品といえる。

(1) **シラップづけの原理**　シラップづけは,果実の皮と種子を除き,食べやすい状態にしたものを,糖度の高いシラップにつけ込むと貯蔵期間中に,シラップの糖分が浸透作用により果肉中にしみ込み,果肉からは水分が浸出して,シラップ・果肉ともにほどよい甘さをもつようになる。

食べるときの甘さは,糖度で 18～22％が適当とされている。この甘さを得るためには,あらかじめ原料果実の糖度に応じてシラップの糖度を調整しておくことがたいせつである。

(ア) **シラップの糖度の決めかた**　シラップの糖度は,食べるときの甘さをめやすとして決める。そのため,あらかじめ①原料果実の糖度,②製品糖度,③果実の肉づめ量,④内容総量を決めておく。

理論的には,シラップの糖度はつぎの式によって計算できる。

$$\text{シラップ(注入液)の糖度} = \frac{\left(\text{内容総量} \times \text{製品の糖度}\right) - \left(\text{果肉の肉づめ量}\right) \times \text{原料果実の糖度}}{\text{シラップの注入量}}$$

シラップの注入量は,「内容総量－果肉の肉づめ量」によって算出できる。

一例として,もものびんづめをつくるばあいのシラップの糖度と注入量の計算例を示すと,つぎのとおりである。

① びんの内容総量を 450 g とする。

② びんの内容総量の約70％のもも果肉をつめるとすると，果肉の肉づめ量は，450×0.7＝315 g となる。

③ 原料ももの糖度は，表 4-34 により 8.5 % とする。

④ 製品糖度を平均 20 % とする。

⑤ シラップの注入量は，450 g － 315 g ＝ 135 g となる。

⑥ シラップの糖度はつぎのようになる。

$$\frac{(450 \times 0.2)-(315 \times 0.085)}{135} = 0.468$$

すなわち，糖度 46.8 ％のシラップをつくればよい。

(イ) **シラップ液のつくりかた**　シラップの糖度は，砂糖の溶解度や水温などによってちがってくるので，計量だけでは正確な糖度が得られない。そのため，糖度計や比重計で糖度を判定してつくる必要があるが，実用的にはつぎのようにしてつくることができる。

すなわち，糖度 47 ％のシラップ 1 kg をつくるばあい，砂糖 470 g，水 530 g を混合し，加熱・溶解させ，こし布でこせば，ほぼ目的のシラップが得られる。

(2) **もものシラップづけ**

(ア) **原料の選択**　原料ももは，核が小さく，核の周囲や果肉中に

表 4-34　おもな果実の糖度　　　（単位：％）

種　　　　類	糖　　度	種　　　　類	糖　　度
い　ち　ご	7.1～9.6	は　っ　さ　く	9.2
りんご（デリシャス）	16.8	す　　も　　も	16.2
ぶ　ど　う	17.1	び　　　　　わ	9.9
あ　ん　ず	12.6	い　ち　じ　く	14.7
温州みかん	9.3～11.6	も　　　　　も	8.5
夏みかん	9.1	か　　　　　き	12.1～15.7
ネーブルオレンジ	10.2	お　う　と　う	11.9

（表 2-11と同じ資料による）

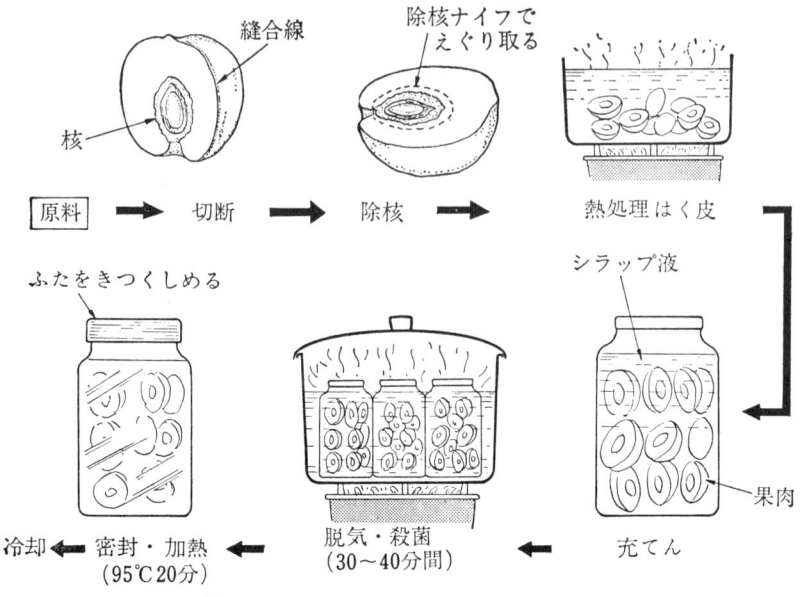

図 4-49 もものシラップづけの製造工程

赤色色素がなく，果肉に弾力のあるものがよい。かんづめのばあいは，果皮表面や果肉中に赤みがあると，製品になってから果肉が紫色に変色することがある。これは，かんのすずと赤色色素のアントシアンとが反応して生ずる。

加工用に改良された黄肉種は，かん・びんづめ用としてすぐれている。生食用の岡山早生・大久保（白肉種）なども肉質はやわらかいが，収穫時期を調節すれば品質のよいものができる。しかし白桃は生食用としてはもっともすぐれているが，肉質がやわらかすぎることと，果肉に赤みがあるためシラップづけには適さない。

(1) 製造法

a．原料の調整　原料ももは，黄肉種では完熟したものを使うが，白肉種では完熟より4〜5日前の未熟果を収穫して通風のよい場所で追熟させてから使う。

① ももは縫合線にそって，正確に核ごと半分に切断し，ナイフなどで核を除く。切断には押し切り器を，除核には除核ナイフを使うと便利である。除核後は，ただちに清水か，3％食塩水に浸して酸化による変色を防ぐ。

② 核をとったももは，皮をむく。一般に肉質のやわらかい白肉種は熱処理ではく皮する。熱処理はく皮は，沸騰した湯に1分間くらい入れるか，蒸気で3～8分間蒸すかして，その後冷水中に入れておこなう。ただし，黄肉種は，熱処理ではく皮ができないので，アルカリ処理ではく皮する。[1]

b．充てん（肉づめ・シラップ注入）　はく皮したももは，形や切り口などを整形し，大きさ別に選別してびんにつめる。その後，加熱したシラップを計量して注入する。シラップの糖度は40～50％とし，製品糖度を約20％として調整する。

白肉種のばあいは，0.2％のくえん酸を添加すると風味がよくなるほか，殺菌効果もある。

c．脱気・殺菌　果肉をつめたびんのふたをゆるくしめて，蒸し器などで蒸気をたて，30～40分間加熱し，脱気と殺菌を同時におこなう。脱気後ふたを強くしめて密封し，さらに95°Cで20分間加熱した後，冷却して製品とする。

2．水　　煮

水煮は，水あるいは2％くらいの食塩水を注入液とし，おもに野菜をかん・びんづめにしたものである。野菜の保存を目的とした食品で，調理するときに調味して食べる。

---

(1) 沸騰した1～3％の水酸化ナトリウム溶液に30～60秒間つけてから，冷水中ではく皮し，はく皮後1％塩酸溶液でアルカリを中和した後，水洗いする。その後，95～100℃で2～5分間加熱処理して変色を防ぐ。

(1) **水煮の原料**　水煮原料としては，おもにたけのこ・グリンピース・アスパラガス・きのこ類・ふき・スイートコーンなどが使われる。原料は新鮮で，風味のよい適熟のものを使う。野菜類は酸を含まないので，100°Cの高温で殺菌し密閉しないと，変質しやすい。

(2) **注入液の調整**　水は，煮沸した後，静置して上澄み液だけを使う。食塩水のばあいは，食塩（NaCl 99.0％以上のもの）2％溶液を使うが，水と同じように煮沸後静置して上澄み液を使う。アスパラガスの水煮をつくるばあいは，食塩水に少量の砂糖を添加すると風味がよくなる。

(3) **たけのこ水煮**

(ア) **原料と調整**　水煮用には，もうそうちくのたけのこが適している。たけのこは，肉質がやわらかく，淡白色であくが少なく，風味のあるものを選ぶ。たけのこは，地上にあらわれるまえに掘り取り，その日のうちに加工する。

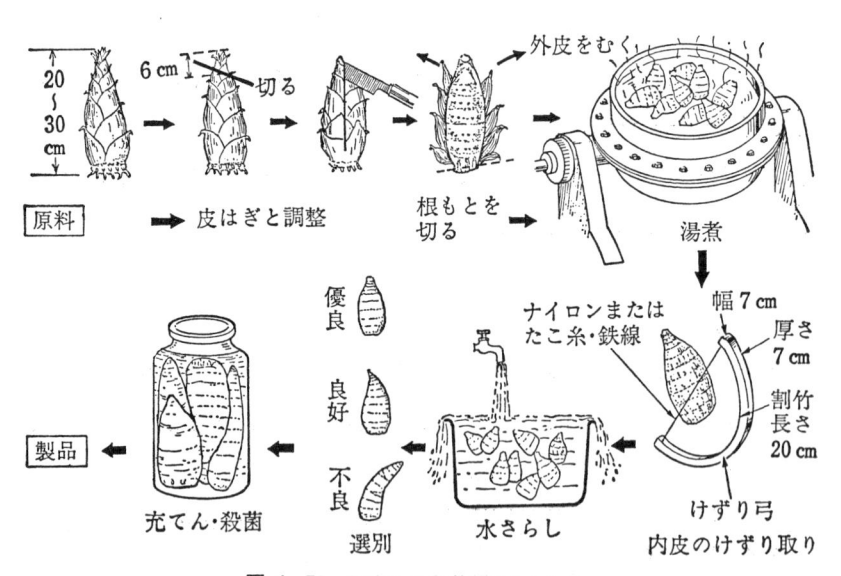

図 4-50　たけのこ水煮のつくりかた

たけのこは，図4-50のように中身を傷つけないようにして，皮の先端部を切断し，切れ目を入れて外皮を半分くらい取り除く。根もとの堅い部分は切り取る。

(イ) **湯　煮**　　100°Cで40～60分間水煮する。水煮後ただちに冷却し，内皮を手・竹べら・削り弓などで取り除き，一昼夜水にさらす。

水さらしはあく抜きと，注入液の白濁を防ぐためにおこなう。水煮たけのこの注入液の白濁は，たけのこに多量に含まれているチロシン・ペクチン・ヘミセルロースなどが無機質と反応してコロイド状になるためにおこると考えられている。

(ウ) **充てん**　　水さらし後，大きさや品質・形状別に選別し，びんにつめて熱湯を注入する。

(エ) **脱気・密封**　　脱気は，95～100°Cで15～20分間おこない，密封後100°Cで60～90分間殺菌する。pHが5.5以上のばあいは，くえん酸を加えてpHの値を下げて殺菌する。

§9. 乾 燥 加 工

1. 乾燥食品の種類

乾燥食品には，干しがき・干しだいこん・かんぴょうのように，生の状態とはちがった風味をもつものと，原料の水分だけを取り除き，水や温水をそそぐだけで，生とほぼ同じ性質をもつようにしたもの（インスタント食品類）とがある。前者は，自然乾燥法(1)（天日乾燥法）によってつくられ，後者は真空乾燥法・凍結乾燥法(2)などによって工業的につくられる。

2. 乾燥加工の要点

乾燥は，原料の水分を蒸発させて，水分含量を減らし，酵素作用をおさえたり，微生物による腐敗・変質を防いだりして，保存性を高めたり，輸送性を与えたりするための操作である。自家加工では，自然乾燥法によることになるが，そのさいに留意する点はつぎのようである。

1) 乾燥が容易にしかも平均におこなわれるように原料を調整する。根菜類や果菜類ははく皮したり，一定の大きさに切断する。葉菜類は厚さや大きさをそろえる。

2) 変色や風味の悪化を防ぐ必要があるばあいは，熱湯に通すか（ほうれんそうなどのばあい），硫黄くん蒸（果実のばあい）などの前処理をおこなう。加熱処理は，熱湯中に葉菜類で1～3分間，根菜類で3～5分間浸せきし，熱処理後ただちに冷水中に入れて冷却し，水切りする。

3) 乾燥を，急激におこなうと，原料の表面だけが早く乾燥して堅

───────────────
(1), (2) 第3章第2節（55～56ページ）参照。

くなり，内部までよく乾燥しないので，陰干ししたりして，高温条件下での乾燥はさける。

3. 乾燥野菜

(1) 干しだいこん（切り干しだいこん）

(ア) **原料と調整**　原料には，肉質のやわらかい成熟しただいこんを使う。宮重・方領・練馬などの品種を使うことが多い。

原料は，よく水洗いし，土砂などを除き，一定の大きさに切断する。切断の方法は，千切り・割り切り（細切り・太割り）などがある（図4-51）。

(イ) **乾　燥**　竹すにひろげるか，ひもなどにつるして，風向きに面した場所で自然乾燥する。

夜間は屋内に入れ，むしろなどをかけて水分を平均化する。乾燥は水分が14～15％になるまでおこなう（ふつう2～3日かかる）。雨などに当てないように注意する。

(ウ) **保　存**　乾燥を終わったものは，吸湿しやすく，かびが発生したり変色したりしやすいので，湿気を防ぐことのできる容器に密閉し，冷暗所に保存する。

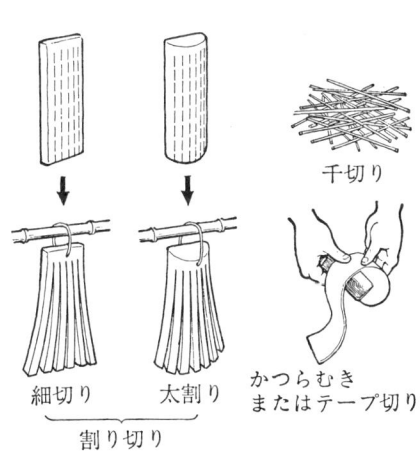

図 4-51　だいこんの切りかた

(2) かんぴょう

ゆうがおの果実を帯状にけずって，乾燥したもので，栃木県の特産品である。

(ア) **原料と調整**　果実表面の細毛がほとんどとれ，光沢が出てき

たものを収穫する。品質のよいものをつくるためには，晴天の日を選び，早朝に果実を採取し，削皮して1日で乾燥が終わるようにする。

果実をまず幅3cmくらいに輪切りにして，中央部の綿（種子の部分）を除去し，つぎに厚さ2mmくらいに帯状にけずる（図4-52）。

内側からけずる

輪切りにし，内部のわたを取り除く

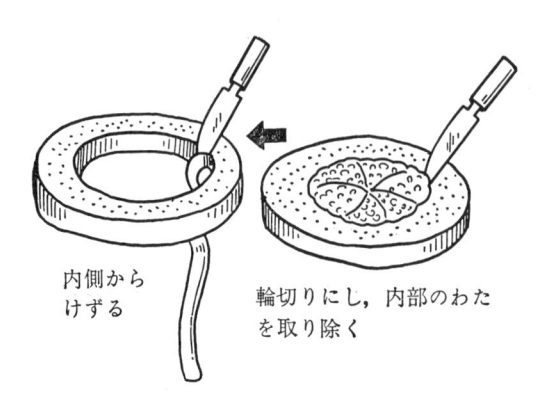

図4-52　かんぴょうの削皮
注．できるだけ薄く，切れないようにけずるには，やわらかい内側から堅い外側にむかってけずるほうが切りやすい。

(イ) 乾　燥　　削皮したものを2～2.5mに切断し，竹ざおかひもなどにかけて自然乾燥する。風通し・日当たりのよい場所で終日乾燥して1日で終了する。乾燥の終わったものは，たばねてむしろなどにひろげ，仕上げの陰干しをする。水分は20％程度がよい。

(ウ) 保　存　　漂白や防腐のため，乾燥の途中（水分約40％）で硫黄くん蒸するばあいもあるが，家庭用にはその必要はない。保存法は干しだいこんに準ずる。

4. 乾　燥　果　実

乾燥果実は，生果とちがった特有の風味をもち，保存性も高い。わが国では，干しがきや干しあんずが代表的な乾燥果実である。そのほか生産量は少ないが，加工や調理の材料として干しぶどうや干しりんごなどがつくられている。

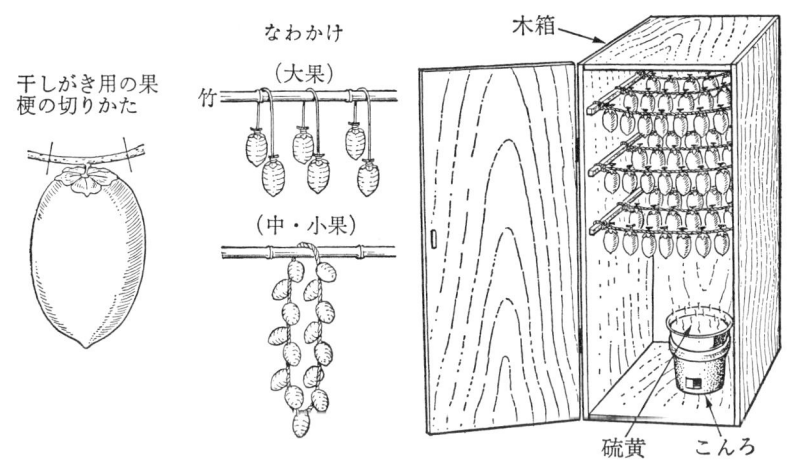

図4-53 干しがきの乾燥の方法　　図4-54 くん蒸の方法

干しがき

(ア) **原料と調整**　原料には，おもに渋がきが使われる。品種は，地方によって異なるが，どの品種でも使える。

原料果実は200g前後の中形果がよい。

成熟したかきを，乾燥しやすいように果梗を丁字形につけて採取し(図4-53)，選別・水洗いして果皮をむく。

かっ変防止や防腐のため硫黄くん蒸をおこなうことがある。硫黄くん蒸は図4-54のような装置を使い，調整した原料を密封状態にして，硫黄粉末をいぶし，亜硫酸ガスを発生させる。

硫黄の量は生果重量の0.1〜0.4％量でよく，くん蒸時間は15分間程度とする。硫黄くん蒸によって発生する亜硫酸ガスは人体に有害なので注意する。

(イ) **乾　燥**　乾燥は日当たりや風通しのよい乾燥場で，30〜40日間自然乾燥させる。10日ごとに掛けかえをおこなうと，品質が平均化され，乾燥も均一におこなわれる。乾燥中に渋が抜けるとともに，甘

味を増す。熱風乾燥するときは，40°C以下でおこなう。約1週間で
乾燥できる。

§10. その他の加工

1. こんにゃく

こんにゃくは，こんにゃくいもの炭水化物の主成分であるグルコマンナンに水を加え，膨潤させアルカリで凝固させたものである。

こんにゃくは人間の消化管内では消化・吸収されないので栄養価はひじょうに低いが，整腸作用があり，風味と独特の感触が食味をそそる。

(1) **こんにゃく精粉** こんにゃくいもを乾燥・粉砕し，ふるい分けして粉にしたものをこんにゃく精粉（以下精粉という）とよび，こんにゃく製造の原料として使われる。精粉のつくりかたはつぎのようである。

(ア) **原料いも** 3年生のいもを晩秋に掘り取り，乾燥する。

(イ) **つくりかた** こんにゃくいもは，水洗いした後，厚さ1cmくらいに輪切りにし，これを竹ぐしなどに15〜20枚ずつ刺して約7〜10日間天日乾燥する（図 4-55）。乾燥したいもをあら砕きしたものを**荒粉**という。

荒粉をさらに，細かく粉砕して風選によってでんぷん質の軽い粉をふるい分けし，さらにふるいを通して繊維を除くと白いつやのある精

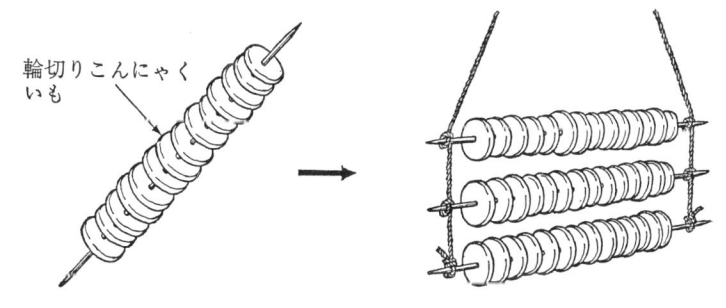

① 竹ぐしに刺す　　② 軒先につるして天日乾燥する
図 4-55　こんにゃくいもの天日乾燥

粉が得られる。精粉の歩どまりは荒粉の65％くらいである。

(2) **こんにゃくの製造法** こんにゃく製造法には，精粉を使ってつくる方法と，生いもから直接つくる方法とがある。

(ア) **精粉を使ってつくる方法**

① 精粉に約10倍量の水を加えながらよく混ぜ合わせ，さらに10倍量の水を加えてよくかき混ぜる。はじめさらさらしているが，しだいに吸水して粘りが出てくる。

② 鉄製かほうろう引きのなべに入れ，焦げないようにかき混ぜながら約15～20分間加熱する。

③ 沸騰してきたら，あらかじめ湯に溶かしておいた凝固剤溶液を精粉重量の1/10～1/20の量を混ぜ，30秒間強くかき混ぜる。このとき黒かっ色に変色する。強く混ぜるほど粘りやつやが出てくる。凝固剤には，炭酸ナトリウム・水酸化カルシウムの溶液や木灰液などが

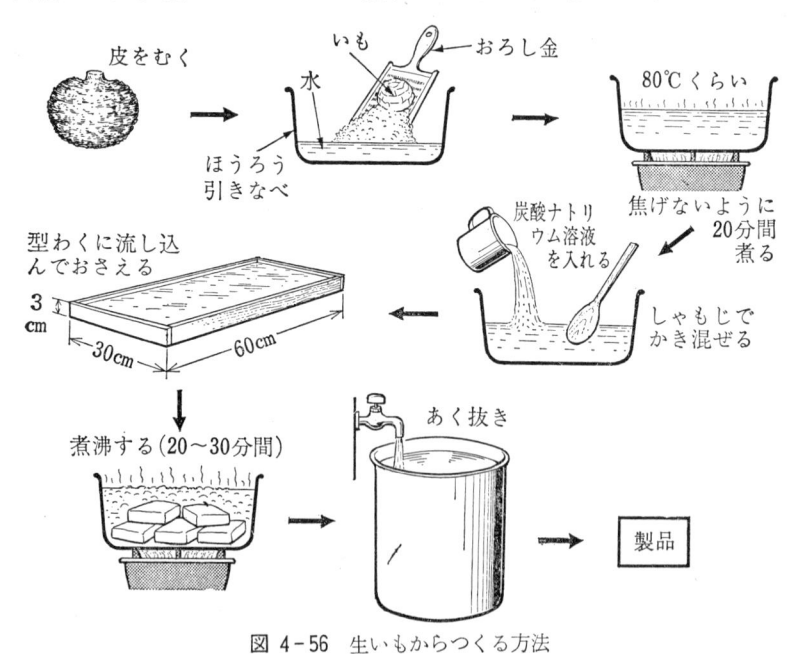

図4-56 生いもからつくる方法

ある。凝固剤の量が多いと製品に弾力性がなくなり堅くなる。

④ 凝固しはじめたら，適当な型わくに流し込んで2～3時間放置する。じゅうぶんに凝固し弾力性が出てきたら，熱湯中で20～30分間よく煮てあく抜きをする。加熱時間が長いとつやや弾力性がなくなる。

⑤ 冷水中に10時間くらい浸せきして仕上げる。

(ｲ) **生いもからつくる方法**　この方法は図4-56の順序でおこなう。色が灰黒色に仕上がるが，風味がある。

2. 麦　芽

麦芽は大麦を発芽させたもので，アルコール・ビール・水あめなどの製造に欠かせない原料である。

(1) **麦芽のはたらき**　植物の種子は，吸水して発芽をはじめると，胚乳その他の部分の貯蔵物質をエネルギー源として利用するため，酵素作用が活発になり，強力な分解作用を営むようになる。とくに，でんぷんに富む穀類の種実は，発芽のさい糖化酵素のアミラーゼを多量に生成する。

麦芽を水あめ製造やビール醸造などに利用するのは，その糖化酵素を利用するのが目的である。麦芽にはアミラーゼのほかにチマーゼやインベルターゼなど各種の酵素も含まれている。麦芽の糖化の役割は清酒醸造のさいの米こうじと同じである。

(2) **麦芽の種類**　麦芽には，短麦芽と長麦芽とがある。

短麦芽は高温で発芽させた幼芽の短いものをいい幼芽の長さが種子の2/3～3/4程度に伸長したものである。短麦芽はでんぷんを多く含むので，麦芽自身のでんぷんを利用するビール醸造に使われる。

長麦芽は比較的低温で長時間かけて発芽させたもので，幼芽の長さ

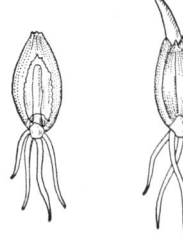

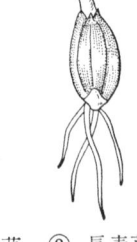

が種子の1.5〜2.0倍に伸長したものである。長麦芽はα-アミラーゼの作用が短麦芽より1.5倍くらい強いため，水あめの製造に使われる。

発芽させたままの生の麦芽を**緑麦芽**といい，天日または加熱によって乾燥したものを**乾燥麦芽**という。水あめなどの製造には緑麦芽・乾燥麦芽ともに使われるが，ビール醸造には乾燥麦芽が使われる。

① 短麦芽　② 長麦芽
図4-57　麦芽

麦芽の乾燥は，麦芽の生長をとめ，成分の損失や腐敗を防ぎ，乾燥による香りを与えるためにおこなう。

(3) **麦芽の製造法**

(ア)　**原　料**　原料の大麦は，使用目的によって品種がちがう。ビール用には，たんぱく質含量が少なく，でんぷん含量の多い2条種のゴールデンメロン・シェバリエなど，水あめ製造用には，たんぱく質含量が多くアミラーゼ生産量の多い4条種や6条種が使われる。

大麦が発芽するためには，種子が生きていなければならない。したがって原料の大麦は，高温・多湿の環境で長時間貯蔵されたものや，加熱乾燥したものなどは不適である。

(イ)　**発　芽**　種子の発芽には適当な水分・酸素・温度が必要である。発芽温度は20〜30°Cが最適であるが，呼吸による成分の損失が多くなるので，14〜18°Cくらいでおこなうのがよい。

水分は，45〜50％がよく，ふつうひと晩水に浸せきして吸水させる。また発芽には新鮮な空気が必要であるため，空気の流通にじゅうぶん注意する。

(ウ)　**製造法**　ビール醸造用麦芽は，水分・温度・通風を自動的に管理できる通風式円筒発芽装置でつくられているが，水あめ用の麦芽

は，平床・むしろ床・すかし箱などに種子をひろげて発芽させる簡単な方法でつくることが多い。つぎに，家庭でつくるばあいのむしろ床法による麦芽のつくりかたを述べる。

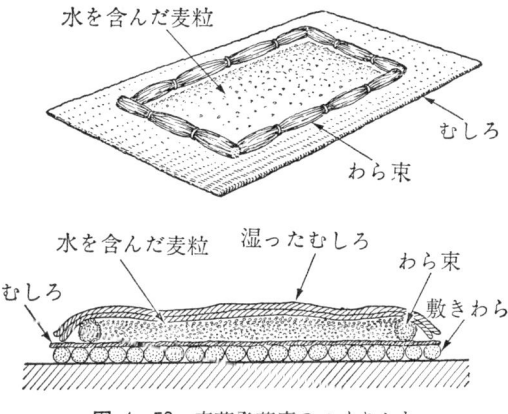

図 4-58　麦芽発芽床のつくりかた

① 発芽に必要な水分を吸収させるため，精選した大麦を水に浸せきする。浸せきは水温 15°C で 24 時間を標準とする。浸せき中は 1 日 2～4 回水をとりかえる。浸せきした大麦は水分含量が 45～50％程度であるが，麦粒に針が簡単に通るようになればよい。

② 発芽床は図 4-58 のように温度変化の少ない場所にわら束を敷いてわら床をつくり，その上に水を含ませたむしろを敷いてつくる。

わら束で囲いをつくり，そのなかに浸せきした大麦を 9～10cm の厚さにひろげ，その上に湿ったむしろを 2～3 枚かけておく。

③ 1 日 3 回，むしろが湿る程度に水をまき，麦粒をかき回して，発芽熱による温度上昇と乾燥を防ぐ。発熱してきたら，かけたむしろの枚数をかげんしたり，麦粒をうすくひろげる。温度は 15～20°C に保つ。

④ 約 48 時間前後で幼根が出はじめ，幼根が麦粒の 2 倍くらい伸びると発芽しはじめる。20°C くらいで発芽させると，約 6～8 日めで目的の長麦芽が得られる。

⑤ 麦芽はよく水洗いし，水を切った後，むしろにうすくひろげて，

天日乾燥し発芽をとめる。乾燥には4～5日間かける。水分13～14％程度まで乾燥し，乾燥後は幼根と幼芽を取り除いて保存する。火力乾燥のばあいは50°Cくらいの温度で乾燥させる。温度が60°C以上にならないよう注意する。

(4) **水あめの製造法**　麦芽あめの製造法はわが国独特のもので，その歴史も古い。原料としては米・とうもろこし・あわなどのほか，さつまいも・じゃがいもなどのでんぷんも使われる。

(ア)　**原　料**　でんぷん（さつまいもでんぷん・じゃがいもでんぷん・コーンスターチその他穀類でんぷん）4 kg，乾燥麦芽300 g，水8～10 l。

(イ)　**用　具**　加熱用なべ・糖化用容器・こし布袋・煮つめ用なべ。

(ウ)　**つくりかた**

①　でんぷんに用量の水を加えよく混ぜてでんぷん乳をつくる。でんぷん乳に乾燥麦芽150 gを加え，かき混ぜながら70～75°Cまで徐徐に加熱する。はじめは糊化して粘りのある液状であるが，しだいにさらっとした液状になる。これを**液化**という。

液化の適温は70～75°Cである。そこで湯せん法で70°Cくらいに保温しながら70～90分間液化する。液化が終わったら沈殿物を取り除く。

②　液化したでんぷん乳は60～63°Cまで冷やし，残りの乾燥麦芽150 gを加えてかき混ぜた後，60～63°Cに保温しながら**糖化**する。

糖化時間は5～6時間である。

③　糖化が完了したら90°Cまで加熱して，たんぱく質などの不純物

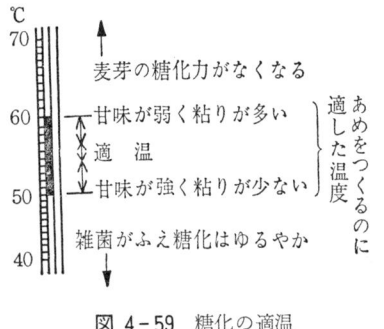

図4-59　糖化の適温

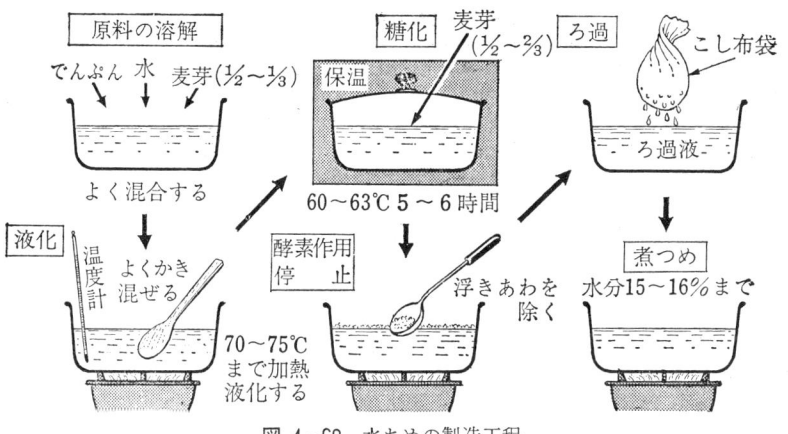

図 4-60 水あめの製造工程

を凝固させ，それを網などですくい取った後，こし布袋でろ過する。ろ過には圧搾機などを使い，強い力でろ液をしぼり取る。

④　ろ液は煮つめ用なべにとり，水分 15～16％になるまで煮つめる。しゃくしなどですくいあげたとき糸を引くようになればできあがりである。煮つめのとき不純物が浮きあがってきたら取り除く。

⑤　液化は，よう素ヨードカリウム液（よう化カリウム 4 g，よう素 2 g に水 500 ml を加えたもの）を液化した液に入れて，赤紫色になったときが終了点である。糖化はよう素ヨードカリウム液を滴下して赤黄色になったときを終了点とする。

3. でんぷん

わが国では，数百年も前からすでにくずの根から採取したでんぷんが食品として利用されていた。でんぷんはいも類や穀類から分離され，水あめ・ぶどう糖・ビール・水産練り製品その他の原料として多方面に利用されている。

でんぷんの利用のしかたによる用途のおもなものは表 4-35 のようである。

表 4-35　でんぷんの利用法別用途

利用の方法	でんぷんの種類	用　　途
加水分解（酵素・酸）によって	さつまいもでんぷん・じゃがいもでんぷん	水あめ・でんぷん糖・ぶどう糖として菓子類などに利用する。
でんぷん粉のまま	コーンスターチ・じゃがいもでんぷん	菓子類や各種の食品，膨張剤や調味料などの粉化希釈用として利用する。
糊化して利用	小麦でんぷん・コーンスターチ・じゃがいもでんぷん	魚肉練り製品・ソース・スープ・菓子類の粘着性や流動性を与えるために利用する。また，各種ののり製品として利用する。
発酵原料として利用	じゃがいもでんぷん・さつまいもでんぷん	ビールや清酒などの醸造用補助原料，乳酸・くえん酸の発酵原料として利用する。
その他	各種でんぷん	化工でんぷん・医薬品・工業用品などに利用

でんぷん製造法　いも類のような水分が多く組織のやわらかい地下の貯蔵器官から採取するでんぷんを **地下でんぷん** とよび，穀類のような種実などから採取するものを **地上でんぷん** とよぶ。

でんぷん粒子は，原料となる植物の貯蔵器官の細胞のなかに存在する。したがって，でんぷんはその器官の組織を破壊し，細胞のなかのでんぷんを他の含有成分と分離して採取する。いも類では摩砕したものをふるい分けして，でんぷんを採取するが，穀類ではでんぷんとたんぱく質とが堅くからみ合い，種実も堅いので，酸などを使って柔軟にした後，粉砕して分離する。

(ア)　**地下でんぷん分離法**　いも類のでんぷん分離は図 4-61 の順序でおこなわれる。でんぷんの採取法にはテーブル式・遠心分離式・沈殿池式（図 4-62）・ろ過式などがある。

くずの根やかたくりの根からでんぷんを製造するばあいは，根部をよく水洗いし，木づちや鉄づちで砕いたり，細かく切断したものをうすでひきつぶしたりして組織を破壊した後，木綿袋などに入れ，水中でもみ洗いながら，でんぷん粒を沈殿させ採取する。でんぷんの歩ど

§ 10. その他の加工　179

まりは 10 〜 30 %であるが，原料の根の掘り出し時期によって収量が異なる。

(ｲ) **地上でんぷんの製造法**

　a．**コーンスターチ**　　コーンスターチの製造は，でんぷんの分離とともに，油脂やたんぱく質の製造もかねている。精選した原料を約 0.3 %の亜硫酸液に浸せきしてとうもろこしをやわらかくする。これ

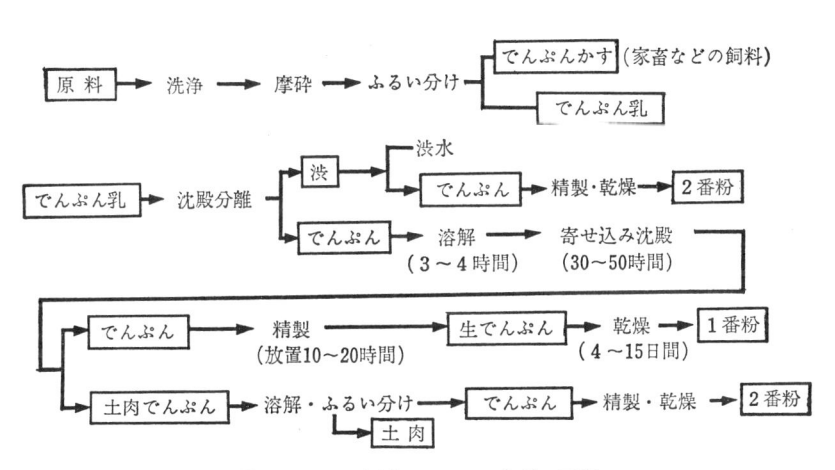

図 4-61　いも類のでんぷん分離の工程

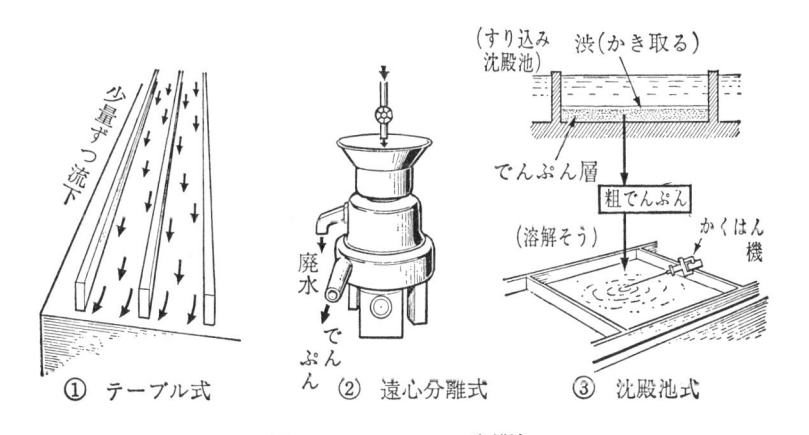

図 4-62　でんぷんの分離法
① テーブル式　② 遠心分離式　③ 沈殿池式

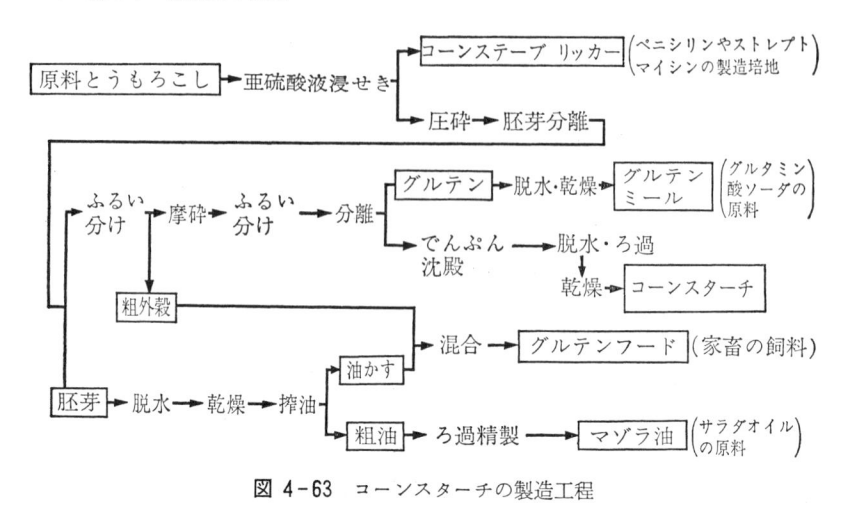

図 4-63　コーンスターチの製造工程

に亜硫酸液をそそぎながら胚部を分離し，残りを摩砕してでんぷんを分離する，製造工程は図4-63のとおりである。

　b. **小麦でんぷん**　　小麦粉に1％の食塩水を加えて練り，グルテンを生成させた後，加水しながらでんぷん乳とグルテンを分離する。でんぷん乳から不純物を分離除去し，残ったでんぷん乳は，水洗いを繰り返して精製する。その後，数日間発酵タンクのなかで発酵させ，たんぱく質や不純物を分解・除去した後，精製・脱水・乾燥するとでんぷんが得られる。

4. せ ん 茶（緑茶）

せん茶は生産量がもっとも多く，一般に飲用されている茶である。せん茶の製造法は，つぎのとおりである。

(1) **原料の処理**　　原料とする生葉は，新葉が4～5枚出てきたころ摘むのがふつうで，1番茶は5月ころ摘む。1番茶は新茶ともよばれ，香りがよい。以後6月に2番茶，8月ころ3番茶と，一定の期間をおいて摘む。生葉は摘んですぐ製茶するのがよい。

生葉は蒸れないように，むしろの上にふり落としながらひろげ，移り香や傷をつけないように注意する。

(2) **製茶法** 製茶法には，手もみ法と機械製茶法とがある。製造上の条件はまったく同様であるが，機械製茶は同質のものを多量に生産できる。

機械製茶に使う機械名と製造条件は，表4-36のとおりである。

表4-36 機械製茶の工程と使用機械および製造条件

製造工程	使用機械名	製造条件 温度(℃)	時間
蒸熱	蒸し機	97以上	20～30秒
粗揉	粗揉機	60～65	30～40分
揉捻	揉捻機	25～30	5～10
中揉	中揉機	40～45	20～25
精揉	精揉機	75	30
乾燥	乾燥機	65～70	70

製茶の工程はつぎのとおりである。

(ア) **蒸熱** 蒸熱は，①生葉中の酵素を破壊し，鮮緑色を保つ，②葉をやわらかくしてもみやすくする，③生葉の青臭みを除く，④乾燥を容易にする，⑤葉の細胞を破壊して茶の成分の溶出を容易にする，などを目的としておこなう。

生葉を蒸し機に入れて，青臭みがなくなるまで蒸す。この操作のよしあしは製品の品質に影響し，蒸しかたが足りないと香りがわるく苦味や渋味が強くなり，蒸しすぎると色や形がわるくなる。

(イ) **粗揉** 粗揉は組織をやわらかくして，乾燥を早めるためにおこなう。蒸熱を終わった茶は粗揉機に入れ，熱風で加熱し，混ぜ合わせながら圧力を加えて水分を均一に，蒸発させる。

(ウ) **揉捻** 揉捻は，葉の水分を均一化し，その後の整形を容易にするためにおこなう。葉に圧力を加えて回転しながらもむ。

(エ) **中 揉**　揉捻を終えた葉には，まだ水分が50％くらい残っており，そのままでは整形しにくいので，中揉機でかるくもみながら水分を除き，整形しやすくする。

(オ) **精 揉**　精揉は，せん茶特有の細長い形に葉を整形する操作で，精揉機を使っておこなう。整形と同時に乾燥もおこなわれる。

(カ) **乾 燥**　整形の終わったものは含水量が10％以上あり，保存しにくいので乾燥する。乾燥機はふつう，たな式のものを使う。乾燥を終わったものを荒茶という。

(キ) **再製および火入れ**　荒茶は形が不均一で混ざり物を含んでいるので，ふるい分けをおこなう。この操作を再製という。さらに火入れ（品温約70°C，2～3時間）をおこなって，水分が3％くらいになるまで乾燥する。これらの操作によって茶は香りがよくなるとともに，保存が容易になる。

(3) **茶の保存**　茶は臭気や湿気を吸収しやすい。吸湿すると変色したり，ビタミンCが急激に減少したりする。それを防ぐため，密閉できる防湿の容器に入れて冷蔵する。製品の水分含量は3～4％が最適である。

豚肉の骨抜き

第5章
畜産物の加工

§1. 鶏肉・鶏卵の加工

1. 鶏肉の加工

(1) **と殺・解体** 鶏のと殺・解体の程度は，利用目的によってちがう。調理用には，手羽・もも・ささみ・骨・内臓などに細かく解体したものを利用するが，くん製鶏用などはと体のまま（丸という）か，背骨で2分割したものを利用する。ここでは，調理用に細かく解体するばあいの手順を述べる。

(ア) **と殺のしかた** 鶏は，と殺後のと体を清潔にするためと，放血をじゅうぶんにするために，と殺前日から絶食させる。

と殺の方法には，くちばしの基部を指でおさえて開口させ，口内の奥にある動脈・静脈を切断して放血する方法と，頸部(けいぶ)の耳たぶの後ろの静脈・動脈を切断して放血する方法とがある。と殺のさい放血をじゅうぶんにおこなうことがたいせつで

図5-1 と殺筒

184 第5章 畜産物の加工

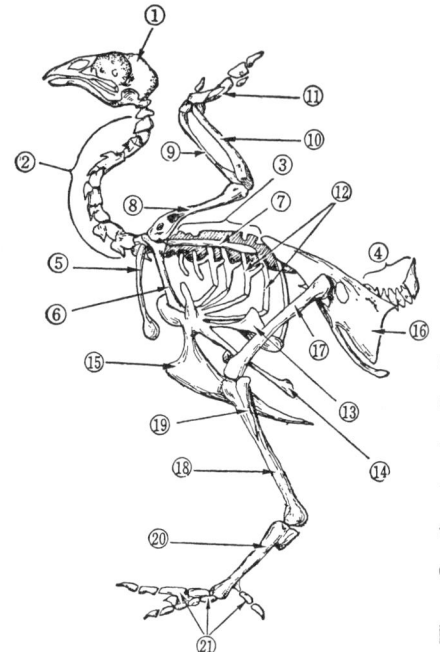

①頭がい骨 ②頸椎 ③胸椎 ④尾椎 ⑤鎖骨 ⑥烏口骨 ⑦肩甲骨 ⑧上腕骨 ⑨橈骨 ⑩尺骨 ⑪中手骨 ⑫肋骨 ⑬胸骨後外側突起外側枝 ⑭同内側枝 ⑮胸骨 ⑯坐骨 ⑰大腿骨 ⑱脛骨 ⑲腓骨 ⑳中足骨 ㉑指列

図 5-2 鶏の骨格

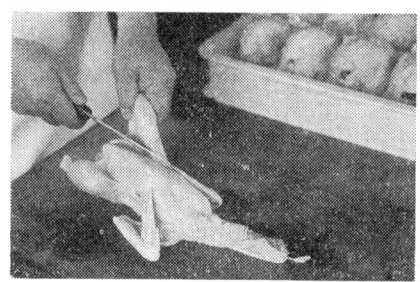

図 5-3 脚のはずしかた　　図 5-4 肩のはずしかた

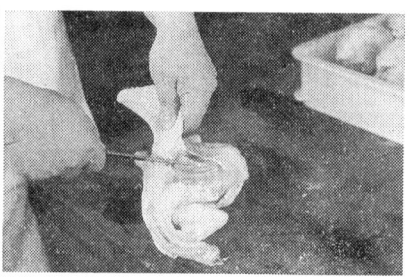

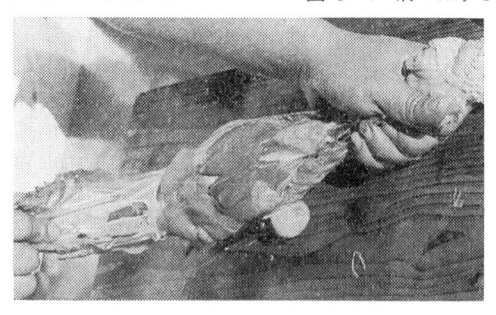

図 5-5 内臓の取り出しかた

§1. 鶏肉・鶏卵の加工　185

ある。また，鶏を固定し血液の飛散を防ぐため，と殺筒（図5-1）を使うと便利である。

(イ) **解体のしかた**　解体はつぎの順序でおこなう。

① 放血の終わったと体は，70〜80°Cの湯のなかに1〜2分間浸し，羽毛を抜き取る。残った細毛は，火で焼き除く。

② 両脚(りょうあし)の内側に刀を入れ，関節をはずし（図5-3），腱(けん)を切り，脚をひっぱり切り離す。

③ 肩の上腕骨の関節に刀を入れ，腱を切り，切り口にそって切り開き，骨を手前に引き取る（図5-4）。

④ ささ身をとる。

⑤ 左右の肩甲骨を離し，肋骨部を手前に引いて，腹部と背部を分離し，内臓を取り出す（図5-5）。

⑥ 脚および翼の部分の骨を取り除き，脚の部分の腱を1本ずつ引き抜く。

⑦ 頭を切断し，頸部の肉をそぐようにしてとる。

鶏の部分肉の名称は図5-6のとおりである。

(2) **くん製鶏**

くん製鶏は，抜羽後の鶏を丸のままか，あるいは，手羽・ももなどの部分肉をくん煙して，風味と貯蔵性を与えたものである。

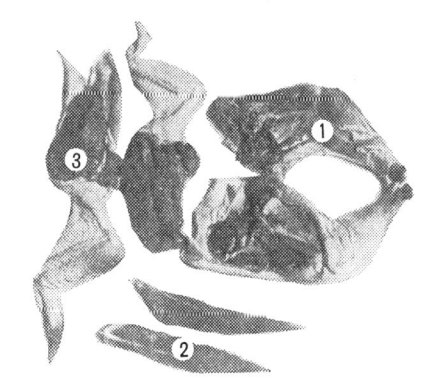

①もも肉　②ささみ　③手羽肉
図5-6　部分肉の名称

(ア) **と体の処理**　丸のままくん製するばあいはつぎのような処理

をおこなう。

① と殺し抜羽したと体を、冷水でよく洗って、頭部を切断する。

② 鎖骨と頸椎のあいだに刀を入れ、気管と食道を頸部から分離し、同時にそのうを離す。

③ 肛門の周囲を大きくえぐり、腹部に指を入れて内臓を破らないようにしながら、内臓を取り出す。肺や腎臓は残りやすいので、指をなかまで入れてていねいに除く。

④ 脚部の腱を引き抜いた後、関節部から下を切断する。と体は冷水でよく洗う。

(イ) **血絞り** 血絞りは、食塩を肉にすり込む操作で、肉中の血液を除き、肉の貯蔵性を高める効果がある。処理後のと体1kg当たり25～30gの食塩を丸の内部までよくすり込み、おけなどに入れて、4～5℃の冷蔵庫に1～2日間おく。多量のばあいは、押しぶたをして軽く重石をする。

表5-1 つけ込み液の配合例

原料と配合割合	と体1kg当たりの量
水　　　1,000	1.4 l
塩　　　　18.0	250 g
砂糖　　　5.5	80
硝酸カリウム（硝石）　0.4	6

(ウ) **つけ込み** つけ込み液の配合例は表5-1のとおりである。つけ込み液は沸騰させた後、こし布でろ過して冷却する。血絞りの終わったと体をつけ込み液に浸せきし、押しぶたをして浮きあがらないようにする。つけ込み期間は、4～5℃で約4～5日である。なお、つけ込み液中に、香辛料0.5％、化学調味料0.3％くらいを加えると、風味がよくなる。

(エ) **水洗いと整形** 流水中に20～30分間つけて余分な塩分を抜く。手羽・脚部を胴につけて、ひもでよくしばって整形する。そのさいつり下げ用のひもを脚部か、両翼の基部につける。

(オ) **水 煮** 70℃で45～60分間水煮する。熱が内部までじゅうぶん通るようにする。長時間の水煮は風味をそこなう。くん煙後水

煮をおこなってもよい。

(カ) **乾燥・くん煙**　乾燥は炭火で 40～50°C で 1～2 時間，くん煙は 50～60°C で徐々に温度をあげながら 3～4 時間おこなう。乾燥・くん煙を高温でおこなうと，脂肪が溶出して焦げ臭が出たり，しみができたりすることがある。

くん煙室のないばあいは，図 5-7 のような簡易くん煙装置を使うとよい。くん煙材は，さくら・くぬぎ・かしなどの堅木材を使う。

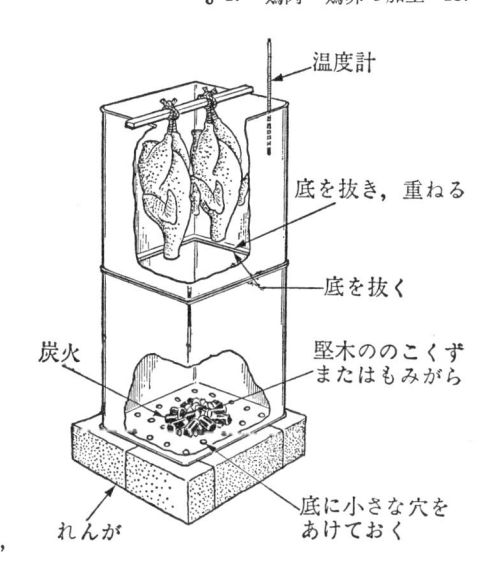

れんがをすこし動かして通風を調節して温度を決める

図 5-7　簡易くん煙装置
注. 煙が出ないよう上部にふたをする。

2. 鶏卵の加工

(1) **くん製卵**　ゆで卵にしたものをくん煙処理した鶏卵をくん製卵という。

新鮮な鶏卵をよく水洗いした後，15～20％の塩水溶液のなかに約 1 週間浸せきする。浸せきは冷蔵庫のなかでおこない，鶏卵がよく浸せきされるように押しぶたをする。

浸せきが終わった鶏卵は，冷水から徐々に加熱して中味が堅くかたまるまでゆでる。ゆでるとき卵黄が中央になるように，ときどき鶏卵を回転させる。

ゆであがった鶏卵は，表面を乾燥させた後，かごまたはざるに入れ，

表 5-2 マヨネーズの配合割合と用量例

材 料	配合割合(%)	用　　量（g）	
食用油	75	サラダ油	500
食　酢	7		50
卵　黄	15		100
砂　糖	1.3		8.5
食　塩	1.3		8.5
香味料	1.3	こしょう	2
		西洋がらし	4
		化学調味料	3

50～60°Cで30～60分間くん煙する。くん煙卵はそのまま食用にできる。

(2) **マヨネーズ**　マヨネーズは，卵黄の乳化力を利用して植物性油を細かく分散させ消化しやすくした調味料である。

　新鮮な卵黄をつぶしながら，ガーゼなどを使ってろ過し，このなかに食塩・砂糖・香味料（こしょうや西洋がらし・化学調味料など）を加えて20～30回あわだて器でかき混ぜる。つぎに，食酢の半量を加えて，さらに強くかき混ぜながら食用油を少量加えかき混ぜる。卵黄が白くなったら，食用油と食酢を交互に入れながら強くかき混ぜる。

　かき混ぜる方向は一定にし，あわをたてないようにする。マヨネーズが堅いときは食酢をふやし，やわらかいときは，食用油をふやすとよい。

§2. 豚肉の加工

1. と殺・解体

(1) と 殺

(ア) **と殺前の処理** 自家用にと殺するばあいは，と畜場法第9条の規定により，その地域の保健所に届け，許可を受けてからおこなう。

自家と殺では，衛生管理と安全にとくに留意する。と殺する豚は，前日から絶食させ，安静に保ち，飲水だけを与え，胃腸の内容物をなるべく少なくさせるようにする。豚体は水洗いして清潔にし，と殺に使う道具類も消毒・殺菌処理をじゅうぶんにおこなう。

(イ) **と殺の方法** と殺の方法には打額法・刺殺法・電撃法などがあるが，自家用のばあいは刺殺法が適当である。なおと畜場では，一般に電撃法による。

刺殺法は，豚の左（または右）後肢をしばり，つりあげ，頸部の動脈および静脈を刀で刺して切り開き，放血する。血液は容器にとっておいてブラッドソーセージなどに利用する。約4〜5分で絶命する。放血がわるいと肉の風味や肉色がわるくなり，貯蔵に適さなくなる。

(2) 解 体

(ア) **皮はぎと湯はぎ**(1) 湯はぎ法は，と体を65〜70°Cの湯そう中に5〜7分間浸した後，鈍刀の刃で毛にさからってすりあげ，被毛・表皮を除去する。残った毛はそり落とすか，焼き

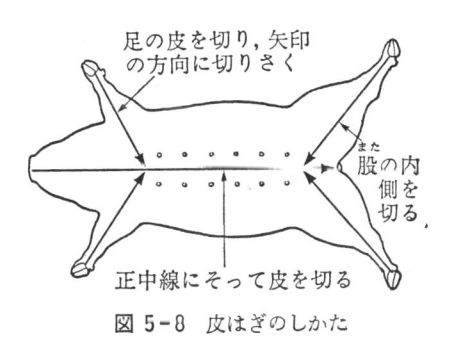

図5-8 皮はぎのしかた

（足の皮を切り，矢印の方向に切りさく／股の内側を切る／正中線にそって皮を切る）

---

(1) 湯はぎは関西地方以西で，皮はぎは関東地方でおこなわれる。

取る。

　皮はぎは，と体をあお向けにし（このとき丸太など2本を背の両側におき安定させると作業がやりやすい），皮はぎ刀で腹側正中線にそって肛門部から口まで切皮し，四肢は内側正中線まで切皮する。以上の切皮創(そう)から，真皮と脂肪層とのあいだに刀を入れ，皮をはぎ取る。このとき毛が肉部につかないように注意する。また，先に皮はぎを終わった部分には作業のじゃまにならない程度にはいだ皮をかぶせておくとよい。

　皮はぎが終わったら，冷水でじゅうぶん洗浄する。

　(イ) **内臓の除去**　　湯はぎまたは皮はぎを終わったと体は，後肢を開張させてつり下げる。肛門の周囲に，内臓を傷つけないように刀を入れ，切りまわして正中線にそって腹部・胸部・頸部を切開して内臓を取り出す。腎臓および腎臓脂肪は，そのままと体に残す。また舌は内臓につけたまま取り出す。

　(ウ) **分　割**　　内臓を除去したと体は，背骨の中央線にそって第一頸椎と頭がい骨の関節部までのこぎりで切断する。頭は頭がい骨と第一頸椎骨との関節部で切断する。2分割されたと体を**枝肉**といい，左右の枝肉を**半体**または**半丸**という。

　枝肉は冷水で血液などをよく洗い落とし，肉の変質，細菌の繁殖などを防ぐため，肉温をできるだけ早く冷却する。

　枝肉の生体重に対する割合を**枝肉歩どまり**，その百分率を**枝肉率**または**と肉率**という。

　(エ) **内臓の処理**　　取り出した内臓は，清潔な容器に入れ，手早く各臓器別に処理する。

　　a．**可食内臓の処理**　　舌は舌根部で切断する。心臓は2～3分割して血液を洗い落とす。胃は脾臓(ひぞう)・大網膜を切り離し，**十二指腸**を切

§ 2. 豚肉の加工　191

断して取り出し，2分割して内容物を除去し，粘膜と筋層とを分離する。大腸は，腸間膜を切り取り，1本の腸管とし，内容物を除去した後，反転して粘膜を除いてよく水洗いする。これらは，つくだ煮などの原料にする。腸間膜や大網膜は細切して煮ると，ラードが採取できる。

　b．**腸のケーシング処理**　小腸は，腸間膜を切り離すと1本の長い腸管となるから，内容物を除いて反転する。粘膜面を外側にして刀の背でこすり粘膜を除く。45°Cくらいの湯でじゅうぶん洗浄し，20％食塩水に一昼夜浸せきした後，食塩をじゅうぶんにすり込んで水分を除く。貯蔵するばあいは約40％の食塩で塩づけしておく。

　食道や直腸（肛門部から約70cmまで）も，同様に処理して，ケーシングに利用できる。

　(3)　**枝肉の冷却**

　解体直後の枝肉の肉温は，すぐには降下せず，死後硬直熱

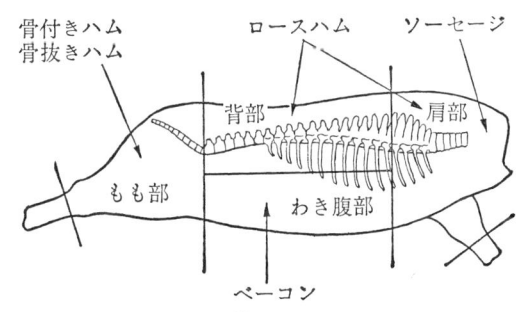

図 5-9　豚枝肉の分割と用途

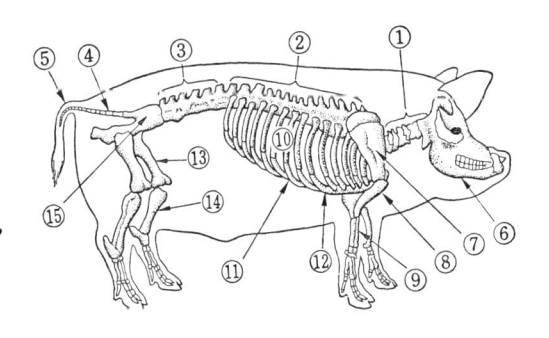

①頸椎　②胸椎　③腰椎　④仙骨　⑤尾椎
⑥頭がい骨　⑦肩甲骨　⑧上腕骨　⑨橈骨
⑩肋骨　⑪肋軟骨　⑫胸骨　⑬大腿骨
⑭脛骨　⑮寛骨

図 5-10　豚　の　骨　格

によっていったん肉温が上昇し,それから徐々に降下する。そのため嫌気性菌の繁殖を防ぎ,肉質の変化を防止するために急速に肉温を下げる必要がある。

　枝肉は,はじめ－5°Cで1時間くらい冷却し,その後0～2°Cで冷蔵する。約25時間で肉の中心温度は5°C前後となる。冷却しすぎて肉を凍結させると,解凍時の水分の溶解などによって肉の品質に悪影響をおよぼすので,凍結しないよう注意する。

　(4)　**枝肉の分割と部分肉の利用**　　枝肉は図5-9のように,肩部・背部・もも部・わき腹部の4部分に分割して加工利用する。

　枝肉から腎臓および腎臓の脂肪を取り除き,もも部は最後腰椎から1節または2節めの関節で背線に直角に切断する。

　肩部は第5胸椎と第6胸椎とのあいだで背線に直角に切断する。背部とわき腹部は,背ロース部の肉塊を損傷しないように,背線に平行に切断する。

　一般にもも肉は,後に述べる骨付きハム・ボンレスハムの原料に使われ,肩肉・背肉はロースハムに,わき腹肉はベーコン原料に使われる。その他の残肉やほほの部分肉は,ソーセージの原料となる。

2. ハム・ベーコン類

(1)　**ハム・ベーコン類の一般製造法**　　ハム・ベーコン類は,それぞれの部分肉の骨を抜くか,そのままにして整形し,塩づけ・くん煙をおこない,貯蔵性と保水性をもたせるとともに,くん煙による風味の向上を図った食品である。製造工程中のおもな操作はつぎのようである。

　(ア)　**血絞り**　　肉内に残っている血液は,細菌にとってはよい栄養源であるとともに,肉の深部に細菌が侵入していく経路にもなる。そ

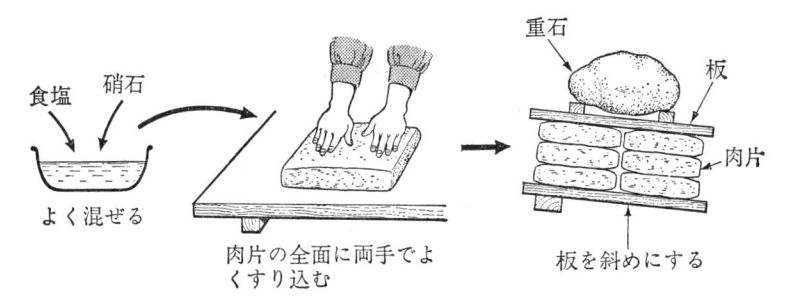

図 5-11 血絞りの方法

のため，表面の細菌の増殖をおさえながら，残留する血液をできるだけ排除する必要がある。血絞りの方法は図 5-11，食塩と硝石の配合割合は表 5-3 のとおりである。

(ｲ) **塩づけ**　塩づけは，主として味つけを目的としておこなう。甘口・辛口など種々の配合例があるが，自家消費のばあいは細菌の増殖を抑制することも考慮に入れる必要がある。

表 5-3　血絞り原料の配合割合例（原料肉の重量に対する％）

材　料	配合割合
食　塩	3～5
硝　石	0.2～0.3

塩づけの方法には，湿塩法（液塩法）と乾塩法（振塩法）とがある。**湿塩法** は，つけ込み液をつくり，これに血絞りの終わった肉をつけ込み，最上部は皮部を上にして押しぶたをのせ，重石をおく。このとき，肉が完全に液中にはいるようにする。つけ込み中は，2～3°Cに保ち，つけ込み期間は肉1kg当たり5～7日間を標準とする。**乾塩法**は，用量の食塩約3分の1をまず肉にすり込んでつけ込み，つけ込み期間中の前半に残りの全量を2回に分けてすり込む。温度・つけ込み期間は湿塩法と同様である。

塩づけ用塩の配合例は表 5-4 のとおりである。

表 5-4　塩づけ用塩の配合例（原料肉重量10kg当たり）

湿　塩　法		乾　塩　法	
食　塩	1.2kg	食　塩	460g
硝　石	60g	硝　石	30g
砂　糖	350g	砂　糖	170g
水	5kg		

湿塩法のつけ込み液は，沸騰させた後，ろ過・冷却し，肉10 kgに対して約5 l の割で使う。なお，ぶどう酒・ブランデー・香辛料などを加えると風味がよくなる。

(ウ) **塩抜き**　塩づけした肉は，流水中につけて，表層に浸透している余分の塩分を除くため塩抜きする。

(エ) **くん煙**　くん煙は製品の表面を乾燥させ，くん煙成分を浸透させるとともに肉の熟成，塩分の浸透拡散を促進させる。香りや色・光沢をよくし，風味の向上と貯蔵性を与える。また，脂肪の酸化防止にも役だつ。

くん煙に先だち乾燥をおこなう。乾燥はくん煙室内でおこない，肉の表面が鮮紅色となり，表面が乾燥した状態を限度とする。

(オ) **水煮（ボイル）**　水煮は肉製品に原料肉特有の風味を出させ，加熱殺菌により保存性を高めるためにおこなう。水煮の温度・時間は，製品の種類・大きさによって一定ではないが，いずれのばあいでも肉の中心部の温度が65°Cくらいになってから，約30分間水煮する必要がある。そのためには，70～75°Cの温湯で1～3時間水煮する。

水煮は，くん煙前におこなうばあいと，くん煙後におこなうばあいとがある。高温で長時間加熱すると，脂肪が分離するのでよくない。なお，ベーコンはふつう水煮をしない。

(カ) **冷却**　冷却は，細菌類の繁殖をおさえ貯蔵性を高めるためにおこなう。水煮後は，ただちに冷水中につけて冷却し，冷蔵庫に収納する。

(キ) **肉の発色の原理**　畜肉は加熱によってかっ変し，肉加工品の色調をわるくする。そのため，畜肉加工では，かっ変防止の処理がおこなわれている。一般に，硝酸ナトリウムまたは硝酸ナトリウムと亜硝酸ナトリウムとの混合剤を使って肉色を固定する方法がとられる。

亜硝酸ナトリウムは還元されるとき，酸化窒素（NO）を生じ，これが肉中の色素ミオグロビンと結合してニトロソミオグロビンになる。これは加熱してもニトロソミオクロモーゲンとなるだけで，肉色の赤色は変化しない。なお，ヘモグロビンも同様な変化をおこす。また硝酸ナトリウムは加工操作中に細菌などによって化学変化をおこし，亜硝酸ナトリウムとなり，同様の作用をする。

なお，このような肉色の固定は還元状態のときおこなわれるので，還元剤としてアスコルビン酸ナトリウムや，ニコチン酸アミドなどが発色促進剤として添加されている。亜硝酸ナトリウムは，中毒性の強い危険な添加物であるので，発色剤を使わない肉加工品も多くなった。発色剤を利用するばあいは，じゅうぶん注意する必要がある。

(2) **骨付きハム** 骨付きハムは，もも部を骨付きのまま加工するもので，製造工程はつぎのとおりである。

整形→血絞り→塩づけ（乾塩または湿塩法）→整形→塩抜き→巻き締め→乾燥→くん煙→水煮→放冷→製品

(ア) **原料肉のとりかた** もも部を仙骨と最後の腰椎から2番めの関節部で背線に直角に切断するか（ロングカットハムという），最後の腰椎関節で切断する（ショートカットハムという）。

(イ) **整形** 枝肉から切断したもも部は，足の関節部を境に肢端を切断し，まわりの不整肉をけずり取って形を整える。皮下脂肪層は，1～2cm残してその他はけずり取る。

(ウ) **血絞り・塩づけ・塩抜き** 血絞り・塩づけはハム・ベーコンの一般製造法に準じておこない，塩づけを終わったものは，流水中で約2～3時間塩抜きをおこなう。

(エ) **乾燥・くん煙** くん煙は22～23°Cで8～10時間おこなう。くん煙後はただちに冷却する。水煮をおこなうばあいは，70°Cで3～

4時間おこなう。

(3) **ボンレスハム**　ボンレスハムは，もも肉から骨を除き円筒形に巻き締めをして加工するもので，製造工程はつぎのとおりである。

　整形→血絞り→塩づけ（乾塩または湿塩法）→塩抜き→骨抜き→整形→巻き締め→乾燥→くん煙→水煮→放冷→製品

(ア) **原料肉のとりかた**　後ひざ部で後肢を切断し，前方は腰椎2節をハムにつけて背線に直角に切断する。

(イ) **整形・血絞り・塩づけ・塩抜き**　骨付きハムと同様に処理する。

(ウ) **骨抜き・整形**　水浸を終わったら水をよく切り，水分をふき取ってから，腰椎2個を小刀で除き，仙骨および寛骨をえぐり取り，大腿骨は骨の上下両端から骨にそって刀を入れ，付着した肉を切り離す。このようにして大腿骨を抜き取り，中空にする。骨抜きした肉は，骨を抜いた付近の肉片を中央部に押し込みながら円筒形に整形する。骨抜きは血絞り前の整形のときおこなうと塩づけの期間を短縮することができるが，じゅうぶんな設備と熟練を必要とするので，自家用のばあいは上記の方法がよい。

(エ) **巻き締め**　まず木綿の布で円筒状に巻き，両端をしばり，中央から両端に向かって糸で巻きながら締めつけていく。

(オ) **乾　燥**　乾燥は温度30°Cで1～2日間おこなう。乾燥のさいゆるくなったひもを締め直す。

(カ) **くん煙**　約40°Cからはじめて徐々に60°Cまで温度をあげる。時間は10～24時間とする。

(キ) **水煮・冷却**　一般製造法に準ずる。

(4) **ロースハム**　ロースハムは，豚肉の背・肩肉を用い骨を抜いて整形加工したもので，製造工程はつぎのとおりである。

　整形→血絞り→塩づけ（乾塩法または湿塩法）→塩抜き→巻き締め→乾燥

→くん煙→水煮→放冷→製品

(ア) **骨抜き**　骨抜きは，背肉とわき腹肉とを切断するまえにおこなうばあいと，切断した後におこなうばあいとがある。前者は後者より処理時間が短縮される利点がある。前者のばあいは，まず肋骨面に付着している横隔膜起始部を切り取り，肋軟骨をていねいに分離した後，肋椎関節を取りはずす。

(イ) **整形**　骨抜きを終わった背肉は，中央で切断し，周囲の形のわるい部分を取り除いて長方形になるように整形する。また，背肉の皮下脂肪は5mm前後になるようにけずり取る。

(ウ) **血絞り・塩づけ**　一般製造法と同様の方法でおこなう。塩づけ液の材料配合例を示すと，表 5-5 のとおりである。

表 5-5　塩づけ液の材料配合例
（原料肉10kg当たり）

材料	重量(g)
食　塩	600
砂　糖	250
硝　石	10
水	5,000
合　計	5,860

(エ) **塩抜き**　塩づけを完了した肉は，約30～60分間流水中に浸す。

(オ) **巻き締め**　木綿の布につつんで巻き締めをおこなう。要領は図 5-12 のとおりである。工場ではハムボイラなどを使い，直接ケーシングにつめる。

(カ) **乾燥・くん煙**　巻き締めをした肉はくん煙室につるして，30～40°Cで4～5時間乾燥する。その後しだいに温度を上昇させ50～60°Cで3～4時間くん煙する。

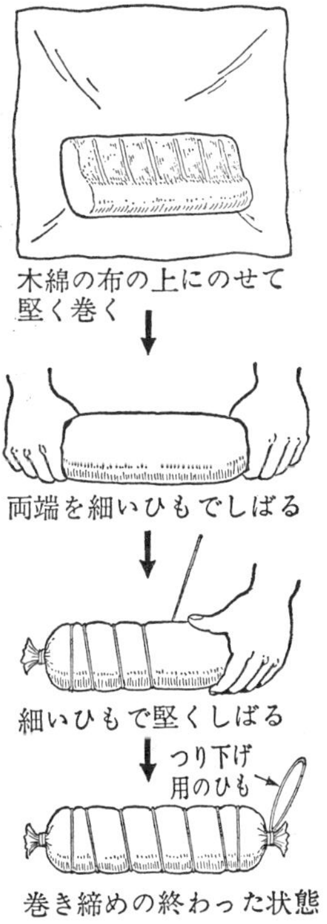

木綿の布の上にのせて堅く巻く
↓
両端を細いひもでしばる
↓
細いひもで堅くしばる
↓
つり下げ用のひも
巻き締めの終わった状態

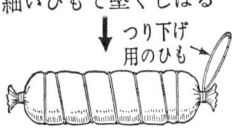

図 5-12　ロースハムの巻き締めの要領

㈥　**水煮・冷却**　一般製造法に準じておこなう。

(5)　**ベーコン**　ベーコンは，本来豚肉のわき腹肉を骨抜きした後，整形・くん煙したものであるが，他の部分の肉でも同様のものをつくることができる。ベーコンの製造工程はつぎのとおりである。

整形→血絞り→塩づけ（乾塩法または湿塩法）→塩抜き→乾燥→くん煙
→冷却→製品

㋐　**骨抜き・整形**　ベーコンの骨抜きの要領は，ロースハム用の背肉とわき腹肉とを切断するまえにおこなう骨抜きと同じである。骨抜きしたものは，わき腹を裏返して，皮部の乳頭を切り取り，乳頭の盛りあがっているものは，この部分を切って除く。

下腹部は，乾燥・くん煙工程においていちじるしく収縮するため，やや幅ひろく長方形に整形する必要がある。

㋑　**血絞り・塩づけ**　一般製造法に準ずる。乾塩法の塩づけ剤の材料配合例は，表 5-6 のとおりである。

㋒　**塩抜き**　塩抜きは一般製造法に準じておこない，水分はかわいた布でじゅうぶんふき取る。後躯との切断面の赤肉に金属製のベーコンピンをさす。

㋓　**乾燥・くん煙**　約 30 ℃ で 2 日間くらい乾燥し，22～33 ℃ で 5 日間くらいくん煙する。わき腹肉は脂肪が多いため，温度が高すぎると，乾燥・くん煙中に脂肪が溶解する。くん煙を過度におこなうと，くん煙臭が強すぎてかえって風味をわるくする。

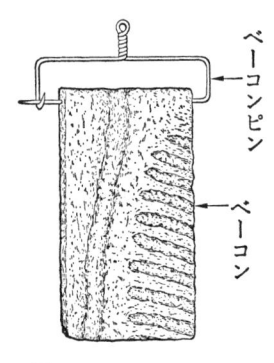

図 5-13　ベーコンとベーコンピン

表 5-6　乾塩法の塩づけ剤の材料配合例（原料肉10kg当たり）

材　料	重　量 (g)
食　塩	350
砂　糖	120
硝　石	5
合　計	475

(ナ) **冷却・包装** ベーコンはくん煙後すぐに冷蔵庫に入れて冷却する。

3. ソーセージ類

ソーセージ類は，畜肉をひき肉にし，調味料・香辛料などを加えて練り合わせ，ケーシングにつめたもので，ハム・ベーコンなどに使った残肉の利用を目的として製造される。種類も多く，原料や製造法・保存性のちがいなどによって，いろいろな名称でよばれている。一般に，水分含量の程度によってドメスチックソーセージとドライソーセージとに大別される。

ドメスチックソーセージは，水分含量が多く，長期間の保存ができないもので，製造法のちがいによって，さらにフレッシュソーセージ・スモークドソーセージ・クックドソーセージに分けている。

ドライソーセージは，水煮しないで長時間乾燥したもので，水分が少なく保存性の高いソーセージで，サラミソーセージやセルベラートソーセージなどに大別される。わが国でおもに生産されているソーセージの種類と名称は表 5-7 のとおりである。

(1) **ポークソーセージ** ポークソーセージは，原料肉に豚肉と豚

表 5-7 ソーセージ類の種類と名称

ソーセージ類	ドメスチックソーセージ	ポークソーセージ
		ボロニアソーセージ
		フランクフルトソーセージ
		ウインナソーセージ
		ブラッドソーセージ
		ヘッドチーズ
	ドライソーセージ	サラミソーセージ
		セルベラートソーセージ
		ドライブラッドソーセージ
		モルタデラ

脂だけを使うソーセージである。製造工程はつぎのとおりである。

原料肉の細切→塩づけ→肉ひき→混和・練り合わせ→腸づめ（充てん）→
乾燥→くん煙→水煮→冷却→製品

(ｱ) **原料肉の処理**　豚肉はハム・ベーコンなどの残肉を使い，赤肉と脂肪とに分ける。原料肉はそれぞれ約2〜3cm角に細切した後，肉10kgに対し食塩250〜300g・硝石10gを混合した塩づけ剤を肉に均一に散布しよく混和する。脂肪は背脂肪を用い，肉とほぼ同じ大きさに細切し，脂肪の重量の2〜3％量の食塩をよく混和してそれぞれ別の容器に入れ，2〜3℃で約1週間塩づけする。

(ｲ) **肉ひき**　塩づけした原料肉は，肉ひき機の3mmプレートを使って赤肉と脂肪を分けてひき肉にする。

(ｳ) **混和・練り合わせ**　ひき肉はサイレントカッターに入れて混和する。肉温の上昇防止と肉の結着性を調整するため，用量の氷を加える。さらに調味料や香辛料を肉全体に分散するように添加する（表5-8）。

表5-8　ポークソーセージの原材料配合例

原　材　料	配合量
豚　赤　肉	10.0kg
豚　脂　肪	2.5〜3.0
氷	2.0〜2.5
小　　　計	15
こしょう末	30〜45g
ナッツメグ	10
オールスパイス	5
化学調味料	20
たまねぎ	50〜100
砂　　　糖	50〜100

練り合わせすると，しだいに肉に粘りが生じてくるので，ひいた脂肪を添加してできるだけ短時間に肉と混和させる。香辛料のたまねぎはすりおろしたものを使う。サイレントカッターを使用しないばあい（自家用のばあい）は，肉ひき機で2〜3回肉をひいた後，清潔

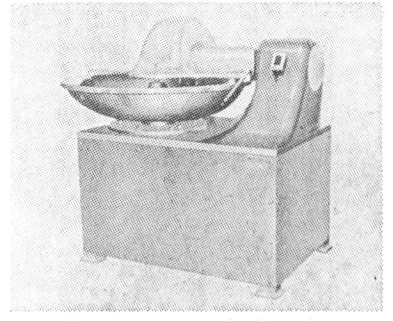

図5-14　サイレントカッター

な容器のなかで，手でじゅうぶん練り合わせ，氷・調味料などを入れ，最後に脂肪を混和する。なお体温で肉温が上昇するので，なるべく冷却しながら短時間に終了させる。

　(エ) **腸づめ（充てん）**　　ケーシングは豚の小腸を使い，スタッファー（充てん機）で充てんする。1個の長さは約20cmくらいとし，両端をしばる。

　(オ) **乾燥・くん煙**　　くん煙室で30～40℃で2～3時間乾燥した後，50～60℃で1～2時間くん煙する。

　(カ) **水煮・冷却**　　くん煙後，70℃で約1時間水煮をおこない，ただちに冷却する。

(2) **サラミソーセージ**　　サラミソーセージは，原料肉・脂肪を細切し，調味料・香辛料で味つけしてケーシングにつめたもので，一般にくん煙はおこなわない。製造工程はつぎのとおりである。

　　原料肉細切→塩づけ→肉ひき・細切→混和・練り合わせ→腸づめ（充てん）
　　→乾燥→製品

　(ア) **原料肉**　　原料肉は新鮮で比較的脂肪が少なく，やや堅めのものがよい。サラミソーセージの原材料配合例は表5-9のとおりである。

　(イ) **塩づけと混合**　　塩づけはポークソーセージと同様におこない，原料肉10kg当たり食塩約300g，硝石10gを均一に散布する。

　塩づけ後，肉ひき機で牛肉はやや細かく（約3mm角），豚肉はあらく（約10mm角）細切し，調味料や香辛料を加えてよく練る。粘りが出てきたら細切して脂肪を加え，よく混合する。

表5-9 サラミソーセージの原材料の配合例

原材料	配合量
牛　　　肉	6.5kg
豚　　　肉	3.5
豚　脂　肪	2.0
小　　計	12.0
細びきこしょう	20g
荒びきこしょう	20
に ん に く	10
ナ ッ ツ メ グ	10
ラ ム 酒	100

(ウ) **充てん・乾燥**　混合した肉はケーシングにつめ，約20〜25cmの長さにたばね，7〜10°Cの冷涼な風通しのよい場所につるし，徐徐に乾燥させる。通風が強すぎると，表面が急に乾燥して中心部に空どうができたり表面に凹凸ができたりする。乾燥は50〜60日で完了する。

(3) **その他のソーセージ類**

(ア) **ウインナーソーセージ**　ウインナーソーセージは，豚肉・牛肉・羊肉などを原料とし，ひき肉にして調味料・香辛料を加えて羊腸またはこれに近い太さのケーシングにつめたものである。つくりかたはポークソーセージとだいたい同じである。乾燥・くん煙・水煮工程はポークソーセージよりもやや短くする。

(イ) **プレスハム**　プレスハムは，豚肉・羊肉・牛肉・馬肉などを3〜5cm角に切断して塩づけし，さらに調味料・香辛料を加えて混合し，ケーシングにつめて，ふつうのハムと同じような外観と風味とをもたせたものである。

4. 豚内臓のつくだ煮

豚の内臓をつくだ煮に加工すると，内臓の臭みがとれ，栄養価の高い食品となる。

(1) **内臓の処理**（190ページ参照）

原料の内臓類は食べられるものならなんでもよいが，おもに新鮮な大腸・肝臓・心臓・胃・腎臓・舌などを使う。内臓は大きな形のままじゅうぶんに水洗いした後，表面に付着したものを取り除く。

表5-10　つくだ煮の原材料配合例

原材料	配合量
原料内臓	2.0kg
しょうゆ	500g
砂糖	150
水あめ	60
水またはスープ	50
しょうが・にんにく・こしょう	適量
たまねぎ	1個

(2) **水　煮**　沸騰させた熱湯中に，たまねぎ1個分を細切して入れ，そのなかで内臓を約30分間水煮する。熱湯を1回取りかえると内臓臭はほとんどなくなる。

(3) **細切・煮つめ**　水煮の終わった内臓は冷却した後，約1～2 cm角に切る。

　内臓を大きななべに入れ，砂糖を加えて煮つめる。その後，しょうゆ・水（またはスープ）を加えてゆっくり煮つめる。煮つめの最終段階で，残りの原料を加えて仕上げる。煮つめのさいの温度は，80～90°Cがよい。

§3. 牛乳の加工[1]

1. 牛乳の処理

(1) **飲用牛乳の種類**　一般に飲用牛乳とよばれているものにはつぎのような種類がある。

(ア) **牛乳**[2]　牛から搾乳した生乳をろ過・殺菌処理したもので，乳成分は生乳とほとんどかわらない。脂肪球を細かく均一にして，クリームの分離を防いだものを均質牛乳という。

(イ) **加工乳**　生乳を主原料とし，全粉乳・脱脂粉乳・濃縮乳などの乳製品を加え乳成分を増強したり，各種のビタミン・無機質などを強化したりしたものである。

(ウ) **乳飲料**　生乳または脱脂乳・混合乳にコーヒーエキス・果じゅう・糖類などを加えたもので，種類が多い。

(2) **牛乳処理の必要性**　牛乳は栄養分に富み，微生物にとって理想的な培養基であるので，急激に繁殖し，短期間に腐敗・変質してしまう。そのため，搾乳直後から飲用にいたるまで，つねに微生物の混入を防ぎ，その繁殖を抑制するか殺菌する処理をしなければならない。牛乳に繁殖する微生物には，細菌・酵母・かびなどがある。細菌は，乳酸菌のほか大腸菌や病原細菌も含まれ，これらは加熱殺菌処理によって死滅する。

また，ごみその他の異物を取り除いたり，牛乳の脂肪球を均一化してクリームの分離を防いだりして，栄養価の高い安全な食品にする必要がある。以上のような牛乳の処理にあたっては，牛乳本来の性質を

---

[1] 本書では，一般的に牛の乳という意味のばあいは牛乳，搾乳したままのものを生乳（または原料乳），飲用を目的として処理した製品は飲用牛乳とよぶ。

[2] 厚生省令では，牛から搾ったままの乳を生乳とよび，他の原料を混ぜないで直接飲用に供するものを牛乳とよんでいる。

損なわないようにしなければならない。

(3) **牛乳処理の方法**

(ア) **搾乳直後の牛乳の処理**　搾乳直後の牛乳は，牛の体温とほとんど同じであるので，ろ過して，ごみなどの異物を除くと同時に，ただちに10°C以下に冷却する。牛乳を入れる容器もなるべく小型のもので，急冷できるものがよい。

(イ) **自家用牛乳の処理**　自家用に飲用する牛乳は，煮沸して殺菌するのが安全である。保持殺菌法をとるときは，牛乳中のすべての微生物の殺菌はできないので，処理後は冷蔵庫に入れて保存し，早めに飲用する。

(ウ) **牛乳処理工場での処理工程**　市販される牛乳の処理工程は，処理工場の規模の大小，使う殺菌機の種類などによってちがうが，一般的な処理工程はつぎのようである。

受乳→受け入れ検査→原料乳の冷却（2～3℃）→清浄化（ろ過）→均質化→殺菌→殺菌乳の冷却→充てん→封冠→冷蔵→製品

① 原料乳の受け入れ時のおもな検査は，風味試験・アルコール試験・脂肪試験・酸度検定などである。
② 清浄化には，牛乳ろ過機（クラリファイヤー）が使われる。
③ 均質化には，均質機（ホモジナイザー）が使われる。
④ 殺菌には表5-11の方法が使われている。有害な微生物だけの

表 5-11　殺 菌 法 と 処 理 条 件

殺　　菌　　法	処　理　条　件
保持殺菌法	62～65℃で30分または75℃で15分間保持する
高温短時間殺菌法（HTST法）	80～85℃で15～16秒間殺菌する
超高温瞬間殺菌法（UHT法）	130～150℃で0.5～2秒間殺菌する（高温ほど殺菌時間は短い）

殺菌には保持殺菌法かHTST法でもよいが，微生物を完全に殺菌するためには，UHT法などの超高温瞬間殺菌をおこなう必要がある。大きな処理工場では，プレート式の熱交換機を使い，UHT法によって殺菌している。

図 5-15 熱交換機（プレート式）

2. クリームの分離とバターおよびアイスクリーム

(1) **クリームの分離** 牛乳を容器に放置しておくと乳脂肪が表面に浮きあがり，凝集してクリーム層をつくる。

クリームの分離には，クリームセパレーターが使われ，遠心力を利用してクリームと脱脂乳とに分離する。分離されたクリームは，バター・アイスクリーム・製菓原料などに使われる。

(2) **バター** バターは，クリームを殺菌・冷却した後，振とう・かくはんし，練りあげ整形したもので，乳脂肪を主成分とする食品である。バターには，食塩を加えた**加塩バター**と，そのままの**無塩バター**とがあり，さらに発酵させて風味をつけたものもある。

加塩バターの一般的な製造工程は，つぎのとおりである。

　　クリームの分離→殺菌・冷却・保持→チャーニング，バター粒の水洗い→
　　加塩・ワーキング→型つけ→製品

① 殺菌は保持殺菌法によっておこない，殺菌後ただちに冷却して1～2°Cで16時間保持する。

② チャーニングは，クリームを振とう・かくはんしてバター粒を生成させる操作で，チャーンという装置が使われる。チャーニングの

終了後，バターミルク[1]を排除し，水を加えてバター粒を洗う。

③ ワーキングは，バター粒を練ってち密なかたまりにするためのもので，ワーカーという装置が使われる。ワーキングのさい，食塩を加える。

④ ワーキング終了後，バター型につめて型つけし製品にする。

図 5-16 バターチャーン

(3) **アイスクリーム** クリームを主体として，これに脱脂粉乳・脱脂練乳・砂糖・香料・安定剤などを加えて凍結させたものである。一般にアイスクリームとよばれるものには，多くの種類があり，その原料配合も多種多様である。現在わが国では，乳固形分15％以上，乳脂肪分8％以上のものをアイスクリーム，乳固形分10％以上，乳脂肪分3.0％以上のものをアイスミルク，乳固形分3.0％以上のものをラクトアイスとよんでいる。

3. 乾燥と粉乳

牛乳から水分を除き，粉状にしたものを粉乳という。粉乳には牛乳を粉状にした全粉乳と，脱脂乳を粉状にした脱脂粉乳とがある。

全粉乳には，糖を加えたものや，ビタミン類・無機質などを添加したものがある。粉乳は，各種の乳加工品やその他菓子原料などに使われる。

(1) **乾燥法** 乾燥法には，噴霧乾燥法と皮膜乾燥法とがあるが，

---

(1) 脱脂乳に似たもので，食用や飼料用にする。

一般に噴霧乾燥法がおこなわれている。噴霧乾燥は，遠心力や圧力を利用して牛乳を霧状に噴霧し，加熱乾燥させて粉乳を得る方法である。

(2) 粉乳の加工品

(ア) **調製粉乳**　これは，全粉乳を主原料として，各種の糖類・ビタミン類・無機質などを加え，ソフトカードにしたもので，は乳用の粉乳である。

(イ) **インスタントミルク**　これは粉乳に3〜6％の水分を加えて凝集させ，造粒したものを熱風乾燥したものである。粒状で，粒の表面は多孔質構造となっており，水気を含みやすく，水中での分散性にすぐれている。

4. 濃縮と練乳

牛乳を濃縮したものを練乳という。

(1) **濃縮法**　牛乳を加熱した後，ろ過し，真空蒸発かんを使って真空濃縮する。

(2) **練乳の種類**　練乳には，加糖練乳と無糖練乳とがあり，加糖練乳はさらに全脂加糖練乳と脱脂加糖練乳とに分けられる。加糖練乳は，容積を 1/2.5〜1/3 に濃縮し製品の糖分を 40〜50％にしたもので，無糖練乳にくらべて保存性がある。無糖練乳は牛乳を 1/2〜1/2.5 に濃縮したもので，保存性は劣る。

5. チーズ

チーズは，牛乳ややぎ乳などのたんぱく質と脂肪を，レンニン（凝乳酵素）または乳酸発酵で凝固させ，食塩・香辛料などを加え，発酵・熟成させたものである。多量のたんぱく質を含むほか，脂肪・無機質・乳酸などを含む栄養価の高い食品といえる。また，たんぱく質の消化・

吸収もよい。

(1) **チーズの種類**　各種のチーズがつくられているが，大別するとナチュラルチーズとプロセスチーズに分けられる。ナチュラルチーズのおもなものを表5-12に示す。

表5-12　ナチュラルチーズのおもな種類

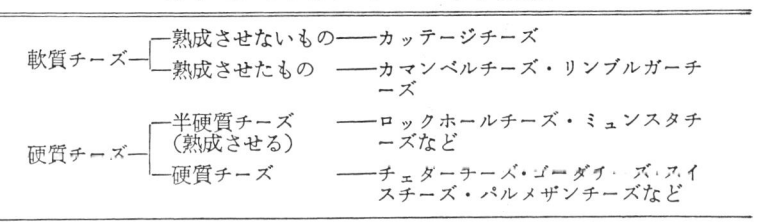

軟質チーズ	─熟成させないもの	──カッテージチーズ
	─熟成させたもの	──カマンベルチーズ・リンブルガーチーズ
硬質チーズ	─半硬質チーズ (熟成させる)	──ロックホールチーズ・ミュンスタチーズなど
	─硬質チーズ	──チェダーチーズ・ゴーダチーズ・スイスチーズ・パルメザンチーズなど

プロセスチーズは，1種類以上のナチュラルチーズを加熱・殺菌・溶解してかためたものである。

わが国で製造されるチーズはプロセスチーズが大部分で，その原料としてはチェダーチーズやゴーダチーズが使われている。またくん煙したものやピメントなどの香辛料を粒のまま添加した製品もある。

(2) **ナチュラルチーズの製造工程**　ナチュラルチーズの一般的な製造工程は図5-17のとおりである。

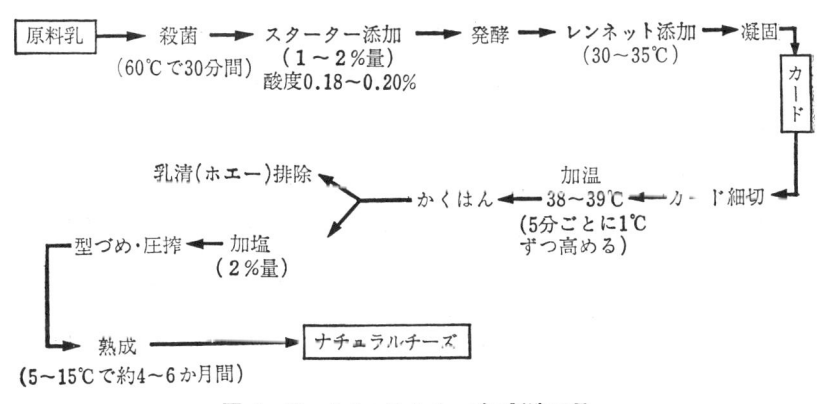

原料乳 → 殺菌(60℃で30分間) → スターター添加(1～2%量) 酸度0.18～0.20% → 発酵 → レンネット添加(30～35℃) → 凝固 → カード → カード細切 → 加温38～39℃(5分ごとに1℃ずつ高める) → かくはん → 乳清(ホエー)排除 → 加塩(2%量) → 型づめ・圧搾 → 熟成(5～15℃で約4～6か月間) → ナチュラルチーズ

図5-17　ナチュラルチーズの製造工程

① 殺菌は，ふつう保持殺菌法による。

② 殺菌した乳にスターター(1)を添加し，乳酸発酵をおこなわせて乳酸を生成させる。適度に乳酸発酵したら，レンネット(2)を加えて凝固させカードをつくる。

③ カードは細切・加温・かくはんして，カードとホエー（乳清ともいい，カードの上澄み液）に分離し，ホエーを排除する。

④ ホエー分離後のカードに食塩を加え，型づめ・圧搾する。

⑤ 型づめ・圧搾した生チーズを4～6か月間発酵・熟成させる。熟成のあいだに，たんぱく質は各種酵素の作用によって一部分解され，プロテオース・ペプトン・アミノ酸などに変化し，乳糖や脂肪は分解されて，酪酸・カプリン酸などを生じ，独特のうま味と香りを生成する。

6. ヨーグルト

ヨーグルトは，乳酸菌によって牛乳を凝固させたもので，発酵乳の一種である。整腸作用をもち，牛乳たんぱく質・糖分および適度の乳酸を含み，消化のよい風味のある栄養食品である。

一般に発酵乳は，乳酸菌や酵母を利用して発酵させる。原料乳としては，牛乳のほかやぎ乳・羊乳が使われる。

(1) **原材料**　原材料には，脱脂乳・脱脂粉乳などの脱脂乳製品が使われる。原料中の乳固形分が少ないとやわらかすぎたり，ホエーが分離したりするので，脱脂乳を使うばあいは脱脂粉乳を加えるか，濃縮して乳固形分を10～11％に高める。副原料として砂糖などの甘味料のほか，バニラエッセンス・レモン・オレンジなどの香料を使う。

---

(1) 乳酸菌を増殖させたもので，ストレプトコッカス ラクチス・ストレプトコッカス クレモリスなどが使われる。
(2) 子牛の第4胃から抽出した乳たんぱく凝集酵素レンニンを主体とする凝固剤。

§ 3. 牛乳の加工　211

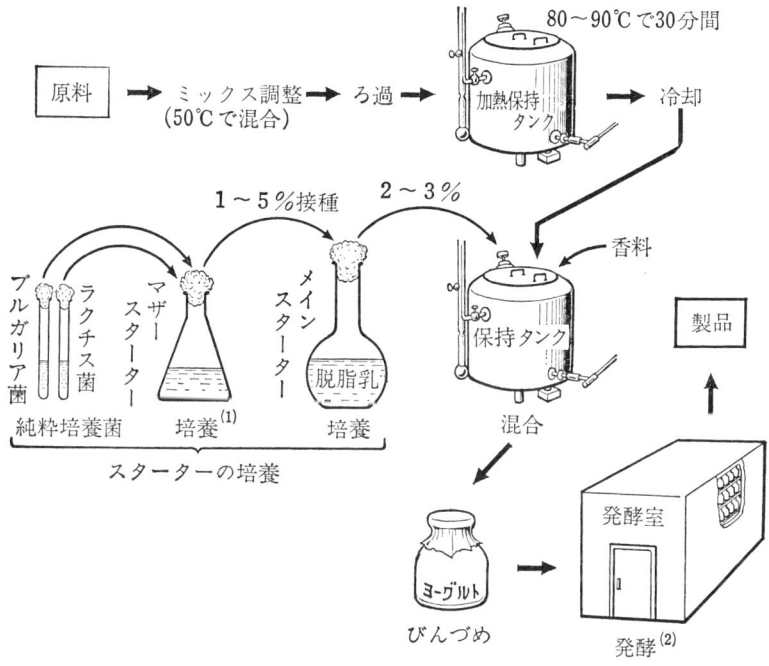

図 5-18　ヨーグルトの製造工程

注. (1) 培養の最適温度は，ブルガリア菌45〜50℃，ラクチス菌30℃である。
(2) 発酵の最適温度および時間は，ブルガリア菌37℃ 6〜8時間，ラクチス菌25℃ 14〜20時間である。

(2) **一般製造法**　ヨーグルトの一般的な製造工程は図5-18のとおりである。

①　原料乳・砂糖（原料乳の9〜10％量）を50〜60°Cの温湯に溶かし，混合・溶解する。ミックスした原料乳はろ過・殺菌した後，冷却する。

②　調整したミックス液に，あらかじめ培養したスターターと，香料を加え，よく混合する。

③　ミックス液を殺菌したびんに注入して発酵室に入れる。発酵に

---

(1) ラクトバチルス ブルガリクス・ストレプトコッカス ラクチス・ストレプトコッカス クレモリス・ストレプトコッカス サーモフィラスなどの乳酸菌が使われる。

よって酸度が0.6〜0.7％となり，ミックス液はカードを生成する。

④ カードができはじめたら，0〜5°Cの冷蔵庫に入れて冷却する。冷却は4〜5時間かかる。5°Cに保存しておくと，約1週間は保存できる。

7. 乳酸菌飲料

乳酸菌飲料は，脱脂乳(1)などを乳酸発酵させ，これに糖や香料を加えてシラップ状にしたものである。

一般製造法

① 原料乳はヨーグルトのばあいと同様にして殺菌する。殺菌後，ラクトバチルス ブルガリクスなどの乳酸菌をスターターとして加え，37〜40°Cで，15〜24時間かくはんしながら発酵させる。

発酵乳の酸度は1.8〜2.0％が適当なので，酸度の不足するばあいは乳酸やくえん酸を加えて調整する。

② 発酵乳に砂糖・香料を加える。砂糖の量は，原料乳の150〜180％量とする。

③ 香料はヨーグルトと同様に好みによって加える。

④ 調整したものを，びんに密封し75〜78°Cで約30分間殺菌する。殺菌後はすみやかに冷却し，冷蔵庫で貯蔵する。

（付） **即席乳酸飲料** これは，発酵法によらないで，乳酸やくえん酸などの有機酸を配合してつくるもので，風味は発酵法によるものよりも劣るが，簡単にできる。

(ｱ) **原材料の配合** 原材料の配合例を示すと表5-13のとおりである。

---

(1) 脂肪が含まれていると，製品の保存中に脂肪が変質して風味がわるくなるので，脱脂乳を使う。

§ 3. 牛乳の加工　213

(イ) **製造法**　　製造順序を示すと図5-19のとおりである。

表 5-13　即席乳酸飲料の原材料配合例

原材料	配合量
脱脂乳または全乳	1.8 l
砂　　　　糖	2.25 kg
乳　　　　酸	38 ml
く え ん 酸	7.5 g
レモンエッセンス	20 ml

① 脱脂乳を78°Cに加熱し，砂糖を加える。これを約20°Cまで冷やす。

② 乳酸を加え，酸の分離を防ぐため強くかき混ぜる。さらに，酸味を調節するため，あらかじめ熱湯で溶かしたくえん酸を冷却した後，木綿布でこしながら加える。このとき，香料もいっしょに加えて仕上げる。

③ 洗浄・殺菌したびんに充てんしてできるだけ早めに飲用する。

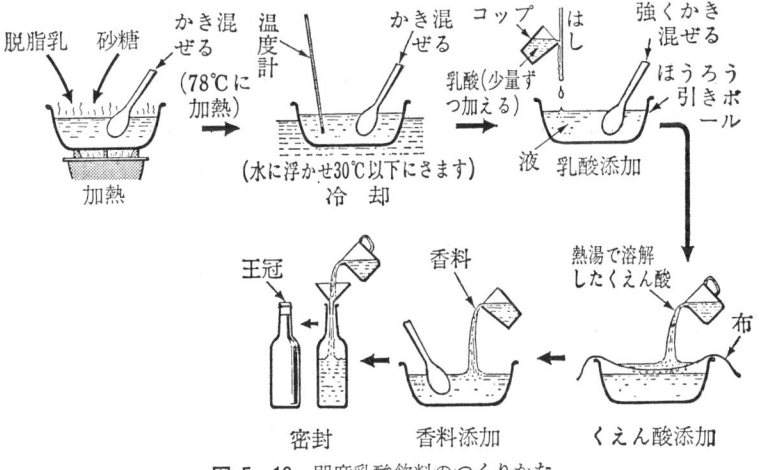

図 5-19　即席乳酸飲料のつくりかた

§4. うさぎの毛皮加工

1. と殺・解体

うさぎは，生後6か月以上，体重2kg以上のもので，発育の正常なものを使う。

(1) と殺

① 前額の耳のつけねのすこしくぼんだところを刀の背で強打して失神させる。

② 右後肢の足くびをひもでしばりつり下げる。

③ 刀の刃を上に向け，下あごからのどのほうへ向けて皮を5cm切り上げ（図5-20①），刃を左右にはねあげて頸動脈を切る（図②）。肉部の切断口は約8cmくらいにとどめるようにする。この作業は放血するためのもので，すばやくおこなう。

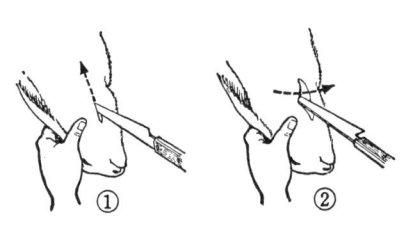

図5-20 放血の方法

(2) 皮はぎ

皮をはぐときは，肉の汚染を防ぐため，毛皮をつかむ手と肉部をつかむ手とを決めておき，肉に毛がついたり，毛皮が汚れたりしないように注意する。皮はぎ法には，一定の要領はないが，**筒はぎ法**では図5-21の順序におこなう。

皮はぎは，と殺後ただちにおこなう。と体が冷えると皮ははぎにくくなる。はぎ取った皮はすぐ板にはるが，それができないばあいは日陰の風の当たらないところで放冷し（約20〜30分間），その後，筒状に裏返して風が当たらないようにつるしておく。板にはるばあいは，腹側正中線にそって切り開いて肉面を表にする。

筒はぎ法のほかに，腹部の正中線にそって刀を入れてはぐ**平はぎ法**

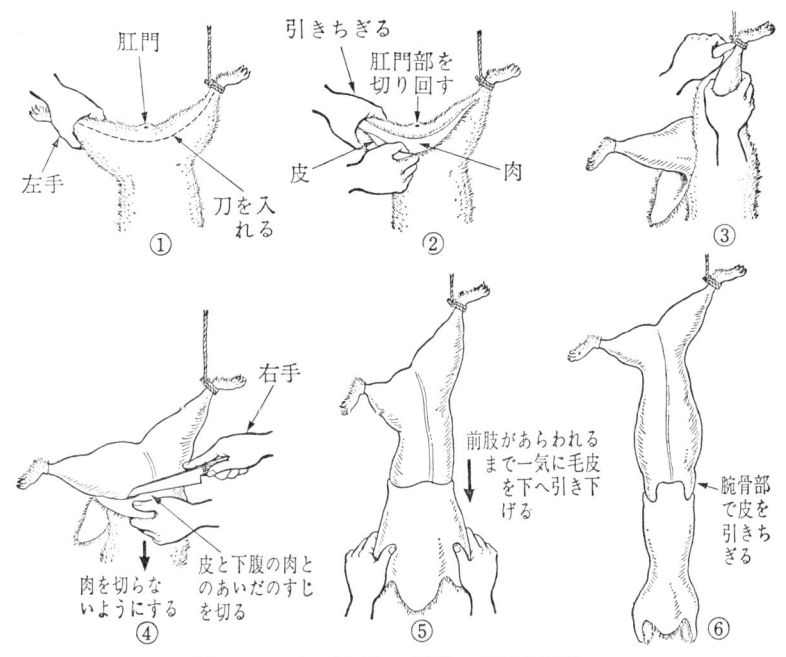

図 5-21 皮はぎ（筒はぎ法）の順序と要領

注. ⑥までおこなったら，さらに皮を引き下げ，左右の耳のつけねを刃で切り回し，ほほ，目のまわりの順序で皮と肉を切りはがし，最後に左右のくちびるのわきのすじを切って，はぎ終わる。

もおこなわれる。

(3) **解 体** 肉部は，解体して食用にする。その要領はつぎのとおりである。

刀を恥骨結合部に当てて切り開き，さらに腹部縫合線にそって切り開いて内臓を取り出す。腸やぼうこうを傷つけないようとくに注意する。尾根部にある臭い肉は直腸・肛門につけて切り取る。内臓を傷つけてにおいがついたりすると，食用にできなくなるばあいもある。

頭は，顔を上に向けて首をひねり，頸椎を折り，下方向に強くおすと簡単にとれる。

2分割と骨のはずしかたは，図5-22のとおりである。まず背骨の

① 背骨の突起部の両側に刀を入れる
② 各腰椎骨の関節突起にそってえぐる（両側）
③ 肋骨と肉を切り離す

図5-22 2分割と骨のはずしかた

棘突起部の両側に刀を入れ，各腰椎の関節突起にそって両側にえぐる。刀で仙骨・肋骨を離す。くび先から刀を入れ肉を頸部から切り離して肋骨と肉を切り離す。後肢とともに前肢の部分まで骨を離し2分割する。その他の骨のはずしかたは鶏のばあいに準ずる。

2. 乾皮のつくりかた

筒はぎした毛皮は，図5-23のように正中線にそって切り離し，一枚の毛皮とする。平はぎのものはそのままでよい。つぎに脂肪を取り除き，板ばりをする。

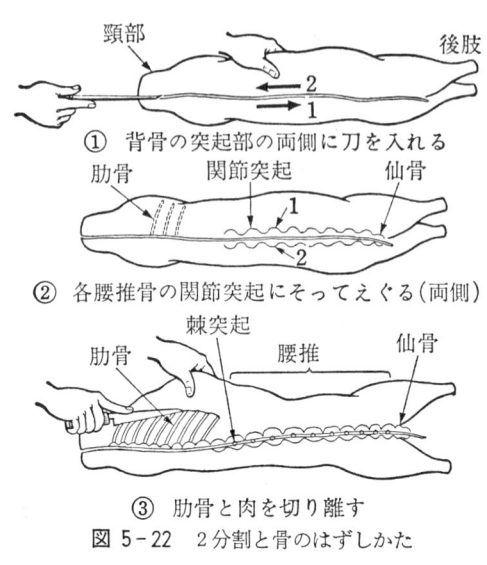

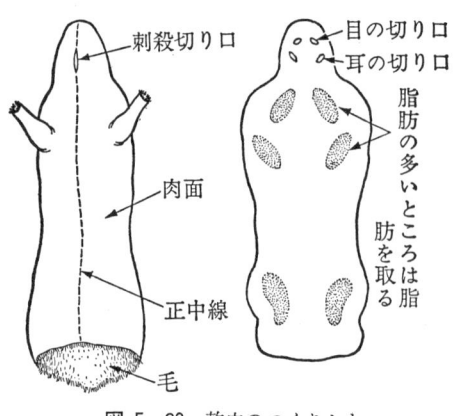

図5-23 乾皮のつくりかた

板ばりは，縦・横の比をおよそ1：2になるようにし，間隔をつめてくぎどめする。

3. 毛皮なめし

(1) **毛皮なめしの原理**　毛皮は動物の皮膚の一部を原料として加工したものであるが，生皮は腐敗しやすく，乾燥すると皮は堅くなり利用できなくなる。

動物の皮膚組織は，大別すると上皮層（表皮）・真皮層（真皮）・皮下組織の三つの部分からなる。真皮を構成する物質は，コラーゲンたんぱく質でコラーゲン繊維が真皮層を縦横に走る強じんな組織を形成している。毛皮なめしは，このコラーゲン繊維をばらばらにしてからみ合いをとき，たんぱく質の変質を防いで柔軟性や弾力性などを与える操作である。この操作には，なめし剤が使われる。なめし剤としては一般にタンニン・みょうばん・クローム・油などが使われる。このうち，みょうばんなめしは工程が簡単で家庭でおこなうのに適する。

　(2) **毛皮なめしの工程**　なめしの工程は，大別して，準備作業・なめし作業・仕上げ作業に分けられる。ここでは，みょうばんなめしの方法によって，うさぎの毛皮のなめしかたについて述べる。なめしの工程は図 5-24 のようである。

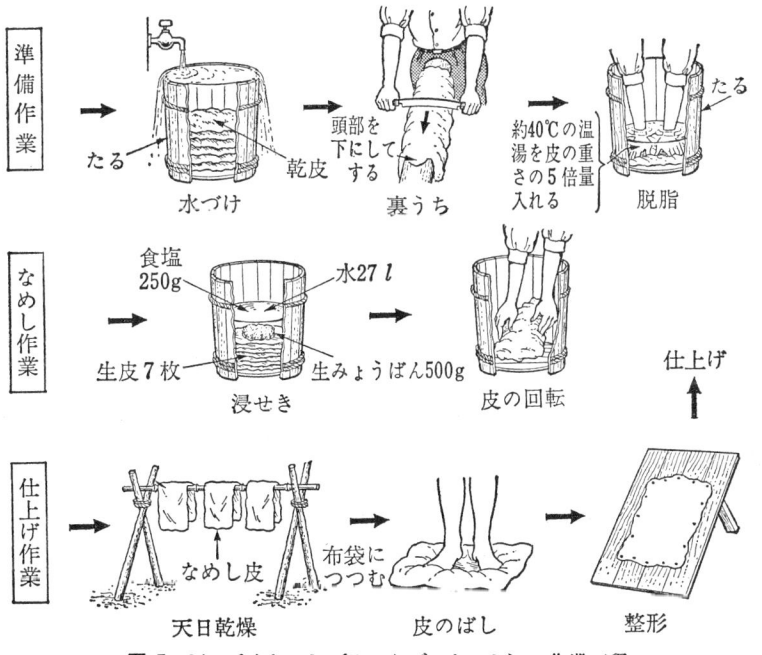

図 5-24 毛皮なめし（みょうばんなめし）の作業工程

(ア) **準備作業**　乾燥・貯蔵された皮を流水中につけてじゅうぶんに吸水させる。これを **水づけ**（生もどし）といい，夏は 10 ～ 24 時間，冬は 24 ～ 48 時間浸せきするが，皮が半透明になったら浸せきを終える。水温が高いと，皮が腐敗したり，脱毛したりすることもあるので，水温は 15 ～ 18 °C をめやすとする。

やわらかくなったら，肉面についている皮下筋肉組織や脂肪・血管を除く。この作業を **裏うち** といい，ふつうかまぼこ形の台とせん刀を使って，しごくようにしてていねいに除去する。不要な部分が残っているとなめし剤が浸透せず，毛皮の品質がわるくなる。

毛皮には，脂肪分が含まれているので，洗剤液につけて脱脂する。脱脂後は，じゅうぶんに水洗いして洗剤を洗い落とす。

(イ) **なめし作業**　なめし液の調合は，うさぎの毛皮 7 枚につき，生みょうばん 500 g，食塩 250 g，水 27 l を調合する。また，生みょうばん 4，食塩 2，水 100 の割合でもよい。

なめし作業を順調におこなうためには，はじめは濃度の低いなめし液を使い，徐々に濃度の高いものに移行させるとよい。みょうばんを布袋などにつつんで液中に沈下させておけば徐々に溶解していくので理想的である。みょうばんを，毛皮に均一に浸透させるため，1日2～3回毛皮を反転させる。

なめしの程度は，皮をつまんでしぼったときやわらかくて弾力性があり，日本紙を水につけてしぼったときのような白色不透明な状態がよい。

浸せき日数は，夏で5～6日間，冬で8～10日間である。

(ウ) **仕上げ作業**　なめし液から取り出した毛皮は，表毛の部分だけ水洗いし，天日乾燥する。乾燥したものは皮が堅くなっているので，噴霧器またはブラシなどで内面に少量の水気を与え，2枚ずつ内面を

合わせてこもなどにつつみ，一昼夜おく。その後，長方形になるように皮を延ばし，厚みを均一にしてくぎづけして乾燥させる。

乾燥の半ばで布袋などに入れ，足でふみほぐすか手でもんで皮をやわらかくする。毛皮の内面は軽石やサンドペーパーなどでみがきあげ内面を美しくする。

(3) **クロームなめしの方法**　クロームなめしのばあいはつぎの順序でおこなう。みょうばんなめしと同様に水づけ・裏うち・脱脂・水洗いをおこなう。

なめし液（うさぎ毛皮15枚分）は，クロームみょうばん500gを粉砕して70°Cの約4lの温湯に溶かしてつくる。これに炭酸ナトリウム250gを約0.5lの温湯に溶かした液を，白い沈殿ができないように注意しながら徐々に加える。両液の混合は，かならず20°C内外に冷やしてからおこなう。この液を約20lの水に最初3分の1量入れる。

なめし液のなかに水洗いを終わった毛皮を入れ，約12時間ごとに3分の1量ずつ追加していく。浸せき日数は，夏4～5日，冬5～6日でよい。

なめしがすんだら取り出してじゅうぶんに水洗いし，皮の重量の2％のほう砂を適量の水に溶かして，このなかに水洗いした毛皮を1～2時間つけて中和させる。なめしの程度・仕上げなどは，みょうばんなめしに準じておこなう。

みょうばんなめしは，やわらかい毛皮ができるが，水に弱い欠点がある。クロームなめしは水や熱に強く染色にも適しているが，やや堅めの毛皮ができる。

実　験・観　察

実験 1.　うるち米ともち米のでんぷん組成のちがい

〔目　的〕　でんぷんのアミロースは冷水に溶解し，よう素溶液（よう素ヨードカリウム液）で青色を呈す。アミロペクチンは水に不溶で，よう素溶液で赤紫色を呈する。この性質を利用し，うるち米ともち米を判定し，それぞれのでんぷん組成のちがいを知る。

〔方　法〕

(1)　よう素溶液をつくる。

まず純水 100 ml によう化カリウム (KI) 0.5 g を溶解し，つぎによう素 (I_2) 結晶 0.1 g を溶解する。

(2)　シャーレにそれぞれ試料を入れ，よう素溶液を滴下して，その呈色反応をみる。

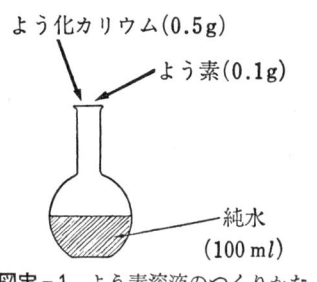

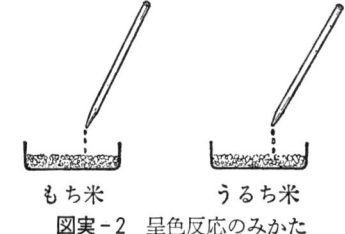

図実-1　よう素溶液のつくりかた

図実-2　呈色反応のみかた

〔考　察〕

(1)　よう素溶液のかわりに，ヨードチンキを10倍にうすめたものを使ってみよう。

(2)　穀粒でなく，それぞれのでんぷんを使ってみよう。

実験 2.　豆乳の凝固

〔目　的〕　豆乳のたんぱく質（グリシン）が，カルシウムイオンで凝固することを実験で確かめ，とうふの製造の原理を知る。

〔方　法〕

(1)　とうふの製造の順序にしたがい，だいず 100 g を一昼夜水に浸せきする。

(2)　ミキサーか摩砕機にかけてすりつぶし，水 1 l を加えて煮沸する。吹きこぼれないよう 15～20 分間煮沸する。

(3)　熱いうちに布袋に入れて圧搾し，豆乳をビーカーにとる。

図実-3 とうふ製造の原理

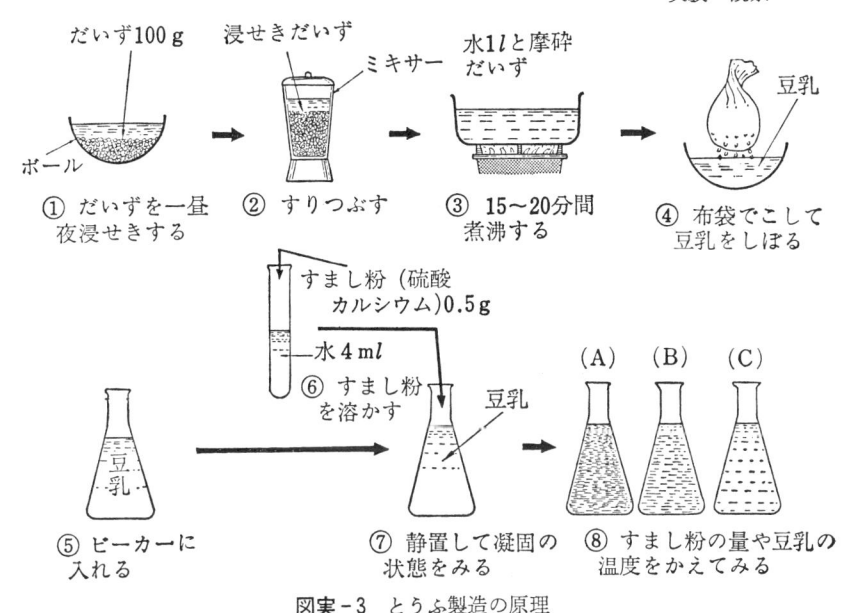

(4) すまし粉 0.5 g を水 4 ml に溶かしたものを約 50 ℃に冷却した豆乳に混ぜ，静置して凝固の状態を観察する。

〔考　察〕　すまし粉の量や豆乳の温度をかえて，凝固の状態の変化を記録してみよう。

実験 3.　酵母の発酵力と生地のテスト

〔目　的〕　酵母の発酵力が，添加量のちがい，温度のちがい，生地の原料配合のちがいなどによって，どのように異なるか，また生地の状態がどのようにかわるかを調べる。

〔方　法〕

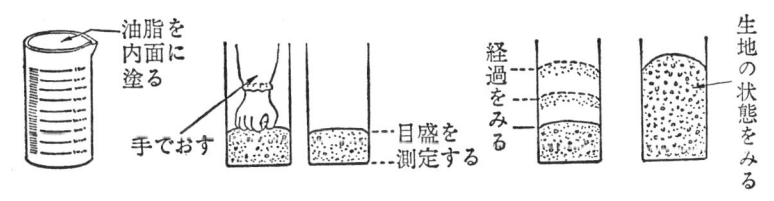

図実-4　酵母の発酵力と生地の状態

(1) 500～1,000 ml のメスシリンダーに，それぞれの目的に合った生地を一定重量入れる。メスシリンダーに生地が付着しないよう，内壁に油脂を塗る。

(2) 入れたときの容積を目盛で測定し，発酵室（定温器を使ってもよい）に入れ，一定時間ごとに容積を測定し，それぞれの目的に合った観測をする。

〔考　察〕　測定の結果を比較したり，グラフなどに表示してみよう。

表実-1　温度のちがう場合の発酵状態の変化の例

発酵温度	30分後	60分後	90分後	120分後	生 地 の 状 態
15 °C	ml	〃	〃	〃	
25 °C	ml	〃	〃	〃	
35 °C	ml	〃	〃	〃	
45 °C	ml	〃	〃	〃	

実験 4.　果実類のペクチン含量の判定

〔目　的〕　果実のペクチン含量はゼリー化に重要な意味をもつので，ペクチンがエチルアルコールによって凝固し，沈殿する性質を応用し，その状態でペクチン含量を判定する。

〔方　法〕

(1) 果実から果じゅうをしぼる。

(2) 果じゅうを適量試験管にとり，これに同量の95％エチルアルコールを加える。

(3) 試験管の口を指でおさえてふり，果じゅうとエチルアルコールを混合する。

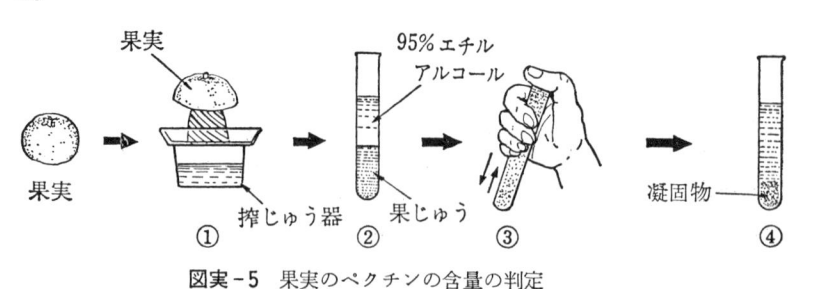

図実-5　果実のペクチンの含量の判定

(4) 凝固物の生成状態を観察して，ペクチン含量を判定する（144ページ参照）。

〔考　察〕　果じゅうを加熱すると，ペクチン含量が増減することを確かめてみよう。

実験 5.　ゼリー化と加糖量

〔目　的〕　加える砂糖によってゼリー化がどうかわるかを調べる。一定量の果じゅうに対して，砂糖の添加量をかえて，ゼリーの収量とその状態を比較する。

〔方　法〕　りんご（紅玉など）を水洗いし，うすめに輪切りし（3mmくらい），2倍量の水とともになべに入れ，果肉がやわらかくなるまで煮てからしぼる。このりんご果じゅうを用いて，表実-2のように加糖量のちがう試料をつくり，それぞれ103℃になるまで煮つめる。煮つめ終わったらシリンダーでその量をはかり，殺菌した容器に入れてゼリー状になるまで静置する（48時間くらい）。そしてゼリー化の状態を調べる。

表実-2　加糖量とゼリー化の状態

試　　　料	1	2	3	4	5	6
りんご果じゅう (g)	200	200	200	200	200	200
加　糖　量 (g)	0	50	100	150	200	250
ゼリーの収量 (ml)						
ゼリーの状態						

注．ゼリーの状態（硬柔）は，開かんざらなどにあけかえて観察すると，その差がはっきりするが，ゼリーテスターやカードテンションメーターなどの計測器機を用いるとさらによい。

実験 6.　果実の糖酸比の算出

〔目　的〕　糖酸比はジャムやジュース類をつくるとき，風味やゼリー化に影響する。果実の糖酸比は果実の種類や熟度によって異なる。その算出法を知る。

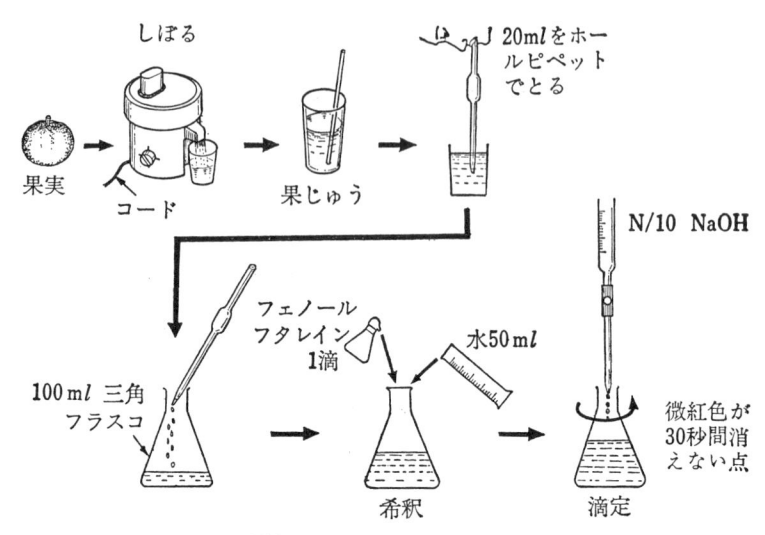

図実-6 果実の糖酸比の測定

〔方　法〕

(1) **酸の測定**（くえん酸として定量する）

(1) いくつかの果実の搾じゅうをおこなう。

(2) 20 ml をとって 100 ml フラスコに入れる。

(3) 水 50 ml とフェノールフタレイン1滴を加え N/10 NaOH で滴定して，微紅色が30秒間消えない点を終点とする。

(4) くえん酸を計算する。

$$くえん酸\% = \frac{N/10\ NaOH\ 滴定 ml \times N/10\ NaOH\ F \times \frac{くえん酸分子量}{くえん酸価数}}{試料採取量 ml \times 10 \times 1{,}000} \times 100$$

ただし，F：ファクター　　くえん酸1g当量：$\frac{192.1}{3}$ (=64.0)

【例】オレンジジュース 20 ml で F=1.019　滴定 ml を 21.76 ml とすると

$$\frac{21.76 \times 1.019 \times 64}{20 \times 10 \times 1{,}000} \times 100 = 0.71\%$$

(2) **糖度の測定**

(1) 果じゅう2～3滴を糖度計のプリズム面にたらし，ふたをして接眼鏡でのぞくと，明暗の層があらわれるので，その境界部の目盛を読む。

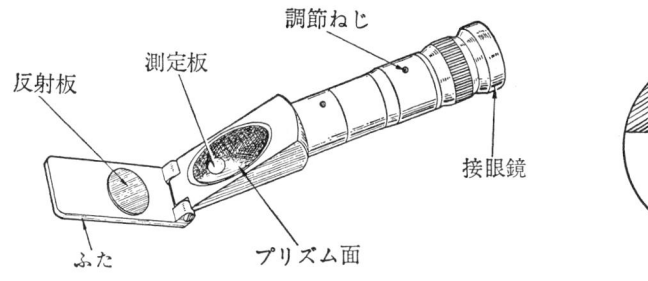

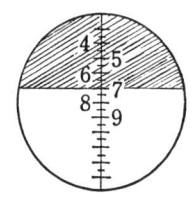

図実-7　糖度計と目盛の読みかた

注. 目盛が右図のようになれば，糖分は70%であることを示す。

(2) 糖酸比を計算する。糖と酸の値から，つぎのように計算する。

$$糖酸比 = \frac{全糖（糖度\%）}{酸度（\%）}$$

【例】　りんごのばあい　　$\frac{11.43}{0.576} = 19.84$

実験 7.　鶏卵の鮮度の判定

〔目　的〕　加工材料に使う鶏卵は新鮮なものが必要である。卵黄係数を測定し鶏卵の鮮度を判定する。

〔方　法〕

(1) 鶏卵を割って，卵黄を分離してガラス板の上にのせる。

(2) 卵黄にふれないようにして卵黄の直径を数箇所測定しその平均値を出し平均直径とする。

(3) 卵黄の高さを測定する。

(4) 卵黄係数を求める。

$$\frac{卵黄の高さ}{卵黄の直径} = 卵黄係数$$

(5) 比の大きいものほど新鮮である。

　　　新鮮卵　　0.4内外
　　　古　卵　　0.3以下

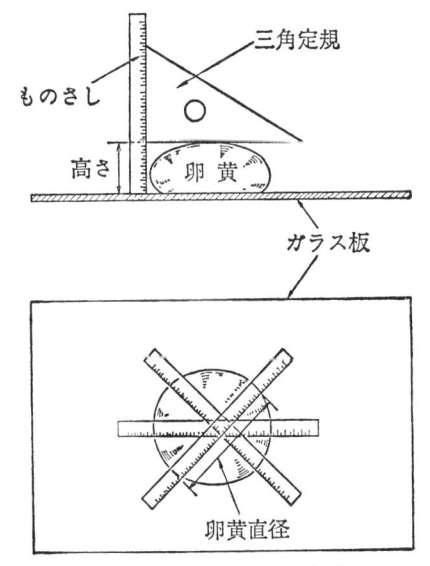

図実-8　鶏卵の鮮度の判定

実験 8. 生乳の鮮度の判定

〔目　的〕　アルコールを用いて牛乳の凝固の有無およびその状態を観察し，生乳の新鮮度と加工原料としての適否を判断する。

〔方　法〕

(1) シャーレに70％エチルアルコール2 mlを入れる。

(2) そのなかに同量の生乳を入れ混合し，凝固物の有無や状態を観察する。

(3) 新鮮度が低下し，酸度が高い生乳ほど凝固し，その量も多い。このような生乳は加工用に適さない。

索　引

あ

- アイスクリーム ……… 207
- アミラーゼ ……………… 69
- アミロース ……………… 12
- アミロペクチン ………… 12
- アミノ酸 ………………… 12
- アミノ酸しょうゆ ……… 88
- アルカリ性食品 ………… 15
- アルコール発酵 ………… 95
- アントシアン …………… 16
- α-アミラーゼ …………… 69
- α-でんぷん ……………… 11
- あずき …………………… 25
- 青あん ………………… 109
- 赤みそ …………………… 82
- 圧搾酵母 ……………… 118
- 甘づけ ………………… 135
- 甘酒 ……………………… 79
- 荒粉 …………………… 171
- 荒茶 …………………… 182

い

- インスタントミルク … 208
- インスタントめん類 … 116
- インベルターゼ ………… 69
- いちごジャム ………… 145
- 硫黄くん蒸 …………… 169
- 一番じょうゆ …………… 93
- 糸引きなっとう ……… 103
- 飲用牛乳 ……………… 204

う

- ウイスキー ……………… 98
- ウインナーソーセージ … 202
- ウーロン茶 ……………… 41
- うさぎ肉 ………………… 35
- うま味料 ………………… 48

え

- 淡口しょうゆ …………… 88
- えんどう ………………… 25
- ＨＴＳＴ法 …………… 205
- 液化 …………………… 176
- 枝肉 …………………… 190
- 枝肉歩どまり ………… 190
- 枝肉率 ………………… 190
- 塩蔵 ……………………… 58

お

- オレンジマーマレード 147
- おり引き ………………… 96
- 大麦ぬか ………………… 21
- 押し麦 …………………… 20
- 重石 ………………… 86, 132
- 温度計法 ……………… 145

か

- ガス抜き ……………… 122
- ガラスびん ……………… 61
- ガラス質 ………………… 22
- カロチノイド …………… 16
- カロチン ………………… 16
- かい入れ ………………… 92
- かっ変化 ………………… 29
- かんぴょう …………… 167
- かん水 ………………… 115
- 加圧乾燥 ………………… 56
- 香り ……………………… 29
- 開かん検査 ……………… 66
- 解体 …………………… 185
- 加塩バター …………… 206
- 化学しょうゆ …………… 88
- 加工乳 ………………… 204
- 加工の目的 ……………… 2
- 果実飲料 ……………… 149
- 加糖練乳 ……………… 208
- 果肉飲料 ……………… 149
- 皮はぎ ………………… 189
- 簡易びんづめ法 ………… 64
- 乾塩法 ………………… 193
- 環境気体調節貯蔵法（ＣＡ貯蔵） ………… 57
- 乾燥 ……………………… 54
- 乾燥酵母 ……………… 118
- 乾燥さつまいも ………… 27
- 乾燥麦芽 ……………… 174
- 乾皮 …………………… 216

き

- きな粉 ………………… 106
- きぬごしどうふ ……… 103
- 機械製めん …………… 114
- 生じょうゆ ……………… 93
- 切り返し ………………… 77
- 切り返し作業 …………… 86
- 牛肉 ……………………… 34
- 牛乳 …………………… 204
- 凝固 …………………… 102
- 凝固剤 ………………… 100
- 強力粉 …………………… 22
- 経山寺みそ ……………… 80
- 筋肉 ……………………… 32

く

- クッキー ……………… 124
- クリーム ……………… 206
- グリコーゲン …………… 12
- グルテン ………………… 21
- クロームなめし ……… 219
- クロロフィル …………… 16
- くん煙 …………………… 59
- くん製鶏 ……………… 185
- くん製卵 ……………… 187
- 屈折糖度計法 ………… 144

け

鶏　肉　35, 183
鶏　卵　36
毛皮なめし　216
結合組織　32
原材料の成分　10
玄　米　17
原料乳　204

と

コップ法　144
コーンスターチ　179
こうじかび　72
こうじむろ　73
こうじ床　75
こうじ歩合　81
こんにゃくいも　27
こんにゃく精粉　171
呉　101
濃口しょうゆ　88
硬質チーズ　209
硬質小麦　22
香辛料　46
酵　素　69
酵素剤　71
紅　茶　41
酵母（イースト）　118
小麦粉　22
小麦でんぷん　180
米　粉　19
米こうじ　75
米ぬか　19
混濁果じゅう　151

さ

サラミソーセージ　201
さつまいも　26
さつまいもでんぷん　178
さらしあん　109
さんまづけ　137

殺　菌　53
砂　糖　45
酸　28, 49
酸性食品　15
酸　敗　14

し

シラップづけ　160
シラップの糖度　160
じゃがいも　27
じゃがいもでんぷん　178
じゅんさい　43
しょうゆこうじ　90
しまい仕事　77
塩切りこうじ　78
塩切り歩合　81
塩づけ　133
塩ぬか　137
自家加工　6
直ごね法　119
色　素　16
し好性　2
自己消化　33
死後硬直　33
湿塩法　193
自然乾燥法　55
下づけ　129
脂肪組織　32
白玉粉　19
白あん　109
白みそ　82
白　麦　20
酒税法　94
酒母（もと）　96
脂溶性ビタミン　15
常圧乾燥　56
上新粉　19
醸造しょうゆ　88
醤　麦　23
食　塩　43
食塩濃度　132

熟　成　33, 82
準強力粉　22
真空乾燥　56
人工乾燥法　56
新式しょうゆ　89
浸透作用　130

す

スパゲティ　116
スポンジケーキ　126
水　分　10
水溶性ビタミン　15
酢づけ　139

せ

ゼリー化　141
生産販売　7
清　酒　95
製茶法　181
生　乳　204
精　麦　20
精　米　18
繊維素　12

そ

そうめん　115
そ　ば　40
そろえづけ　137
速醸法　83
即席乳酸飲料　212
即席めん類　116

た

たくあんづけ　135
たんぱく質　12
打検検査　66
脱　気　62
種こうじ　74
溜りしょうゆ　88
炭水化物　10
単糖類　10

索 引

ち

多糖類	10
短麦芽	173
チマーゼ	71
地下でんぷん	178
血絞り	186
着香料	48
着色料	49
中華そば	115
中間質小麦	23
中力粉	23
調製粉乳	208
地上でんぷん	178
長麦芽	173

つ

| 突きかい | 93 |
| 筒はぎ法 | 214 |

て

デュラム粉	23
でんぷん	11
でんぷんの糊化	11
でんぷんの老化	12
手打ちうどん	113
手打ちそば	115
出こうじ	77
鉄火みそ	86
転化糖	44
天然果じゅう（ジュース類）	149
天然甘味料	44
天然醸造法	83

と

トマトケチャップ	158
トマトジュース	156
トマトピューレ	157
ドメスチックソーセージ	199
ドライソーセージ	199
とうもろこし	40
とう精	17
と殺	183
と畜場法	35, 189
と肉率	190
糖	28, 44
糖化	95
凍結乾燥	56
当座づけ	133
糖蔵	58
透明果じゅう	151
豆乳	102
床もみ	76
友こうじ法	74
共立て法	127
留めがま	84
鶏みそ	86

な

ナチュラルチーズ	209
なっとう菌	104
なめみそ	87
中づけ	135
生ジュース	158
生あん	109
生皮の裏うち	218
生皮の水づけ（生もどし）	218
仲仕事	77
中種法	119
軟質小麦	23
軟質チーズ	209

に

にがり	100
肉づめ	62
肉の色	33
二糖類	10
二番じょうゆ	93
乳飲料	204

の

| 農畜産物の成分 | 3 |

は

バター	206
はぜ込み	77
はちみつ	46
麦芽	21, 173
薄力粉	23
発酵	52, 67
発酵パン	117
発酵茶	41
発酵微生物	69
発色剤	50
馬肉	34
番手	111
半体	190
半発酵茶	41
半丸	190

ひ

ピーナッツバター	108
ビール	98
ビタミンA	16
ビタミンB_1	16
ビタミンB_2	16
ビタミンC	16
ビタミンD	16
ビタミンE	16
火入れ	93
引きかい	93
引き込み	76
必須アミノ酸	13
品質の均一化	3

ふ

フラボノイド	16
ブランデー	99
ブリきかん	60
プレザーブ	141

プレスハム …………… 202
プロセスチーズ ……… 209
プロテアーゼ ………… 71
プロビタミンA ……… 16
プロビタミンD ……… 16
ふ き ………………… 42
ふすま ………………… 23
ぶどう果じゅう ……… 153
ぶどう酒 ……………… 96
ぶどう糖
　（でんぷん糖）……… 45
福神づけ ……………… 139
豚 肉 ………………… 34
普通どうふ
　（もめんどうふ）…… 101
普通みそ ……………… 83
腐 敗 ………………… 51
不発酵茶 ……………… 41
粉 乳 ………………… 207
噴霧乾燥法 …………… 207

へ

ベーコン ……………… 198
ペクチン …………… 12, 141
へら法 ………………… 144
β-アミラーゼ ………… 69
β-でんぷん …………… 11
別立て法 ……………… 127
変 質 ………………… 51

ほ

ポークソーセージ …… 199
ボンレスハム ………… 196
保水性 ………………… 45
包 装 ………………… 59
膨張剤 ………………… 125
干しがき ……………… 169
干しだいこん ………… 167
保持殺菌法 …………… 205
骨付きハム …………… 195
本づけ ………………… 135

ま

マカロニ類 …………… 116
マトン ………………… 34
マヨネーズ …………… 188
マルターゼ …………… 69
丸小麦 ………………… 23
豆もやし ……………… 107

み

みかん果じゅう ……… 152
みじん粉 ……………… 19
水 …………………… 10
水あめ ………………… 176
水 煮 ………………… 163
密 封 ………………… 63

む

無塩バター …………… 206
無機質 ………………… 14
麦こうじ ……………… 78
麦こがし ……………… 20
麦みそ ………………… 82
無糖練乳 ……………… 208

め

めん線 ………………… 111

も

もものシラップづけ … 161
も と ………………… 96
もろみ ………………… 92
盛り込み ……………… 77

や

やぎ肉 ………………… 34
やまごぼう …………… 43

ゆ

ゆでうどん …………… 114
UHT法 ……………… 205

有害な添加物 ………… 3
有用微生物 …………… 52
油 脂 ………………… 50
湯はぎ ………………… 189

よ

ヨーグルト …………… 210
よもぎ ………………… 42
洋菓子 ………………… 124
羊 肉 ………………… 34

ら

ラ ム ………………… 34
らっかせい …………… 25
らっきょうづけ ……… 138

り

リキュール類 ………… 99
リパーゼ ……………… 71
緑麦芽 ………………… 174
緑 茶 ………………… 41

れ

冷 蔵 ………………… 56
冷 凍 ………………… 57

ろ

ロースハム …………… 196

わ

わらび ………………… 42
和菓子 ………………… 124

［編著者］
元東京都立三宅高等学校長　　佐多正行

［著　者］
元東京都立農林高等学校教諭　　奥田　馨
元東京都立農業高等学校長　　　佐多正光
元山梨県立甲府第一高等学校教諭　中村美代司

農学基礎セミナー
農産加工の基礎

2000年3月31日　第1刷発行
2024年1月30日　第12刷発行

編著者　　佐多正行

発行所　　一般社団法人　農山漁村文化協会
郵便番号　335-0022　埼玉県戸田市上戸田2-2-2
電話　048(233)9351(営業)　　048(233)9355(編集)
FAX　048(299)2812　　　振替　00120-3-144478
URL　https://www.ruralnet.or.jp/

ISBN978-4-540-99353-4　　　　印刷／藤原印刷㈱
〈検印廃止〉　　　　　　　　　　製本／根本製本㈱
Ⓒ 2000　　　　　　　　　　　　定価はカバーに表示
Printed in Japan
乱丁・落丁本はお取りかえいたします。